DOPAMINA BAJO CONTROL

DOPAMINA BAJO CONTROL

Entiende por qué actúa en tu contra y cómo convertirla en tu aliada

MICHAEL E. LONG

Prólogo de Daniel Z. Lieberman
Traducción de Àlex Guàrdia Berdiell

PAIDÓS

Obra editada en colaboración con Editorial Planeta - España

Título original: *Taming the Molecule of More. A Step-by Step Guide to Make Dopamine Work for You*

Realización Planeta - Fotocomposición

Bajo el sello editorial PAIDÓS M.R.
Avenida Presidente Masaryk núm. 111,
Piso 2, Polanco V Sección, Miguel Hidalgo
C.P. 11560, Ciudad de México
www.planetadelibros.com.mx
www.paidos.com.mx

Primera edición impresa en España: enero de 2026
ISBN: 978-84-1100-444-2

Primera edición impresa en México: febrero de 2026
ISBN: 978-607-639-178-5

Impreso en los talleres de Impregráfica Digital, S.A. de C.V.
Avenida 11 # 463, interior bodega 2, Colonia San Nicolas Tolentino
Iztapalapa , CDMX, C.P. 09850
Impreso en México - *Printed in Mexico*

A mi padre, que me enseñó que lo frívolo
y lo serio van mejor juntos que separados

ÍNDICE

Parte III
CÓMO ABORDAR LOS GRANDES PROBLEMAS UNO POR UNO

Parte final
NO NOS BASTA CON MÁS; NECESITAMOS MÁS

PRÓLOGO

¿Y cuál es la moraleja? Esa es la pregunta que resonó en nuestra cabeza después de publicar *Dopamina*, un libro que se convirtió de forma inesperada en un éxito de ventas internacional. El tremendo impacto de la dopamina en nuestras vidas había tocado la fibra de lectores de todo el mundo, pero estos pedían más: querían un manual para aprovechar el potencial de esta supermolécula.

«La moraleja es el conocimiento» era nuestra mejor respuesta. No era lo que nuestros agentes y nuestro editor querían oír, pero lo cierto es que sí bastó para suscitar una conversación global.

Con el paso de los años, las voces que reclamaban un segundo libro se hicieron más persistentes. El público no tenía bastante con entender; quería estrategias para gestionar los aspectos de la vida en los que la dopamina interviene. Así pues, Mike y yo nos sentamos a hablar de una secuela. Nuestra vida profesional había evolucionado desde que colaboramos en *Dopamina*, y decidimos abordar la secuela desde otra perspectiva para servirnos al máximo de nuestros puntos fuertes. Yo me encargué de gran parte de la documentación para el libro, y para ello devoré estudios que nos pudieran ayudar a entender mejor cómo hay que hacer frente a la compleja influencia de la dopamina sobre nuestra vida. Durante muchos meses los dos trabajamos codo con codo el borrador de varios capítulos. Pero cuando hubo que convertir esos primeros escritos en un libro, Mike se puso al volante.

Mike, escritor versado en múltiples géneros e ilustre profesor de la Universidad de Georgetown, posee una capacidad única para esclarecer temas enrevesados con talento de narrador. Su formación en ciencias puras, así como su dilatada experiencia escribiendo guiones, novelas y biografías, le permiten explicar conceptos complejos con palabras sencillas como solo un artista es capaz de hacer. Esta habilidad es esencial cuando se trata de abordar algo tan complejo como aprender a transformar la energía indómita de la dopamina en un poderoso aliado.

La secuela de Mike aborda audazmente la problemática naturaleza dual de la dopamina: la molécula es una fuente de inspiración y genialidad, pero también un canto de sirena para nuestros instintos más bajos. Este libro es un viaje por las estrategias más prometedoras a la hora de encontrar el equilibrio dopaminérgico que prime la gratificación en vez de la insensatez.

Estas páginas no ofrecen respuestas fáciles, porque las respuestas fáciles no suelen funcionar ante las complejidades de la vida. Este libro nos da respuestas difíciles, de esas que permiten explotar al máximo tu energía y tu perseverancia. La dopamina es potente e ingeniosa. Hay que ser fuertes de carácter para sacar provecho de ella, pero con eso no basta. También debemos comprender las artimañas de la dopamina para ser capaces de contrarrestarlas.

Espero que esta secuela te enseñe a controlar la dopamina para que esta no te controle a ti. Te mostrará a qué debes prestar atención, cuándo perseverar y, al final, cómo lograr una vida bien vivida. Prepárate para ahondar en el laberinto de tu mente con el objetivo de descubrir los secretos que te permitan controlar el poder oculto de esta molécula.

Daniel Z. Lieberman,
coautor de *Dopamina*

Hay dos tragedias en esta vida. La primera es no conseguir lo que el corazón desea; la segunda, conseguirlo.
George Bernard Shaw, *Hombre y superhombre*

Introducción

VAMOS A ENCONTRAR RESPUESTAS Y, LUEGO, BUSCAMOS... MÁS

La sustancia química más importante del cerebro humano es la dopamina.

Eso no significa que los otros neurotransmisores sean irrelevantes. De hecho, son vitales. La serotonina suele ser capital para el desarrollo y el tratamiento de la depresión. Las endorfinas afectan al estado de ánimo y ayudan a aliviar el dolor. La oxitocina es esencial para el sexo, el apego y la conducta materna. Ansiedad, trastornos de la alimentación, traumas...: para resolverlos, tendríamos que entender a fondo muchas sustancias químicas cerebrales al mismo tiempo.

Pero si hablamos de la experiencia cotidiana de la vida moderna, el punto de partida es la dopamina. Es una molécula clave para comprender nuestros instintos y por qué nuestra respuesta es la que es. En casi todo lo que te propongas, si quieres mejorar tu situación y tu actitud, ignora los otros neurotransmisores y empieza por aquí. La distancia es sideral. ¿Quieres resolver una relación sentimental? Dopamina. ¿Separar la lujuria del afecto? Dopamina. ¿Resistirte a la atracción de una conducta peligrosa? Dopamina. ¿Acallar esas voces que te quieren hacer consumir porno, ser infiel, usar las redes sociales, buscar compulsivamente malas noticias en internet, drogarte, rendirte, anteponer el trabajo a la familia o que tus responsabilidades más importantes bajen unos cuantos puestos de la lista de cosas pendientes? Dopamina, dopamina, dopamina.

Antes de tomar cualquier decisión vital, la dopamina nos impulsa a la acumulación y el descubrimiento. La molécula evolucionó para hacer precisamente eso, dado que ambas son cosas útiles; cosas que nos mantienen con vida. Pero la naturaleza del mundo implica que por esa vía también encontraremos opciones perjudiciales, e incluso peligrosas. A veces toparemos con tentaciones inquietantes y malas ideas que nos atraen de manera visceral. En esos momentos, la dopamina puede apartarnos del redil y, de hecho, lo hace. El motivo es que nos dice siempre lo mismo: *¿Y si cambias lo que tienes por la posibilidad de algo incluso mejor?*

Lo tienes muy cerca, dice la dopamina. *Créeme.*

Hasta hace unos pocos siglos, el principal desafío para los humanos fue sobrevivir. Todo lo nuevo y desconocido podía ser o bien algo peligroso, o bien algo útil (e incluso algo que podía salvarte la vida). Había amenazas y oportunidades en cada esquina, así que el sistema dopaminérgico evolucionó para dotarnos de un instinto inmediato, profundo e intenso de indagar todo lo desconocido e inesperado. Además, la dopamina evolucionó para complementar ese instinto con la capacidad de improvisar planes, razonamientos e ideas creativas cuando más los necesitamos. Así pues, no solo nos fascina lo desconocido, sino que nos lanzamos a explorarlo. Esta concatenación de efectos nos ha hecho avanzar como especie. Nos lleva a entender cada vez mejor el mundo que nos rodea para luego permitirnos aplicar lo que hemos aprendido y dominarlo todo.

Pero ahora demos un salto al siglo XXI, en el que nos pavoneamos por el mundo como si fuéramos dioses. Móviles, televisores, microondas, aviones e incluso el sistema de cañerías de nuestra casa...: somos dueños absolutos de nuestro hogar. Ni la ciencia ficción de las últimas décadas ha podido predecir un modo de vida tan espectacular como el que hemos logrado. Un monarca de los tiempos de Shakespeare tendría un síncope solo con visitar el supermercado más pequeño de hoy. (Y eso suponiendo que llegara hasta ahí. Seguramente el rey o la reina tendría un infarto solo con ver el coche que lo llevaría hasta allí, por no hablar de la brujería de las luces eléctricas y los caminos asfaltados.) Y, aun así, no pasa ni un día sin que sintamos, en algún momento u otro, que esos milagros nos aburren un poco: nuestra pareja, el trabajo, el coche, el piso, la tele, el calzado deportivo, la cintura, la cuenta bancaria... Y aquí entra en escena la dopamina.

Seguro que puedo encontrar algo mejor, pensamos. *Quiero... más.*

Y he aquí la ironía: la dopamina nos ha permitido construir un mundo que satisface la mayoría de nuestras necesidades e incluso de nuestros caprichos; un mundo tan desprovisto de amenazas inmediatas que casi nunca necesitamos la respuesta explosiva y urgente de la dopamina. Y como la evolución es lenta, eso acarrea un nuevo problema: gran parte de lo que hace la dopamina resulta, además de innecesario, problemático. Después de haber cumplido con su propósito, los efectos más contundentes de la dopamina no desaparecieron, tal como habría cabido esperar del progreso evolutivo. Esos efectos perviven. En el mundo moderno, eso quiere decir que muchas veces la dopamina es malvada.

Por lo general, la dopamina opera sin que nosotros lo sepamos y siembra cizaña en todo aquello a lo que prestamos atención de manera consciente. De repente, la dopamina se hace notar en situaciones en las que no tiene nada constructivo que aportar. Dispara nuestras expectativas, nos distrae con amenazas improbables y nos tienta con vanas esperanzas que nos perturban y nos rompen el corazón. Es muy raro que el sistema biológico que nos proveyó de los medios para construir este mundo milagroso ahora nos reduzca a vasallos histéricos e insatisfechos del dominio que nos ayudó a crear.

Hace setecientos años, Chaucer escribió que la cotidianidad engendraba desdén, pero solo identificó la mitad del problema. La cotidianidad también engendra aburrimiento, y el aburrimiento es sentir que no tienes ninguna motivación. Lo relevante de esto es que los humanos necesitan en todo momento una mínima resistencia. De ahí que el imperativo biológico alimentado por la dopamina se haga sentir sí o sí, más allá de lo maravilloso, deseable y seguro que sea nuestro entorno. Esta parte del cerebro nos ha programado para ser insaciables. Tan pronto como en nuestro pequeño rincón de mundo se acaban las sorpresas y distracciones, nos entra la picazón. Es entonces cuando la molécula de la avidez nos enloquece y nos impulsa a perseguir algo nuevo, en una búsqueda agobiante de diversión que a menudo se hace pasar por una necesidad genuina.

No es un problema nuevo. Está grabado en la condición humana. Adán y Eva podían disfrutar de todo el Jardín del Edén y, aun así, no se dieron por satisfechos. Cuando cruzas la línea de meta y te alzas con el trofeo que querías, solo es cuestión de tiempo que termines hastiado.

Tampoco está todo perdido. La dopamina nos impulsa a querer más, pero nosotros decidimos si cedemos a esa motivación, si la modulamos o si la silenciamos.

Es complicado. Debemos domar la dopamina cuando por su culpa aspiramos a más de algo que no necesitamos, y rendirnos a ella cuando nos promete más de algo que merece la pena. Esta habilidad no es inherente. Aprenderla es la razón de ser de este libro.

Y también necesitaremos otra cosa. Necesitaremos algo para recordar en todo momento que este problema trasciende la biología y la química.

Para contrarrestar estos impulsos dopaminérgicos, necesitaremos una filosofía con la que vivir la vida con sentido. Es un objetivo difícil que lleva atormentando a los humanos desde que aparecimos en este planeta. Debemos aprender a vivir de un modo que no solo nos aporte paz hoy, sino también optimismo para mañana, y tendremos que hacerlo en un mundo que parece conjurado en contra de ambos propósitos. Es un reto mayúsculo, más aún cuando la solución no cae del cielo. La tenemos que encontrar.

En la película *Delitos y faltas*, un personaje representado por el psicoanalista Martin Bergmann describió de forma memorable este problema:

> Nos definimos a nosotros mismos según las decisiones que hemos tomado. En realidad, somos la suma total de nuestras decisiones. Las cosas suceden tan impredeciblemente, tan injustamente... La felicidad humana no parece haber sido incluida en el proyecto de la creación. Somos solo nosotros, con nuestra capacidad para amar, los que damos sentido al universo indiferente. Y, sin embargo, la mayoría de los seres humanos parecen tener la habilidad de seguir intentándolo, e incluso de encontrar la felicidad en las cosas sencillas como su familia, su trabajo y en la esperanza de que las futuras generaciones puedan comprenderlo mejor.[1]

La felicidad humana no parece haber sido incluida en el proyecto de la creación.

Pese a las innumerables expectativas que genera la dopamina, la satisfacción permanente no es automática ni inminente, la plenitud no está definitivamente vinculada a lo que nos depare el futuro, ni existe la garantía de poder encontrar la gratificación persiguiendo la ristra de hipotéticas promesas que la vida moderna exprime de la dopamina.

Somos solo nosotros, con nuestra capacidad para amar, los que damos sentido al universo indiferente.

Equilicuá. No solo depende de nosotros abordar el desafío diario de la dopamina, sino también satisfacer la necesidad profunda de encontrar un sentido.

Nuestra naturaleza nos obliga a intentar aliviar ese odioso debate interno entre la expectativa y la decepción. Esta pugna parece un subproducto inevitable de la estructura del cerebro, ese motor fantástico y detestable que alimenta nuestro afán de progreso. Para sentirnos mejor durante las acometidas diarias de la dopamina, necesitamos mecanismos de defensa basados en hechos neurocientíficos. Pero para encontrar un sentido, debemos urdir un relato que nos dote de un propósito para la vida.

Yo defiendo que las luchas diarias y la necesidad de un sentido están entremezcladas. La solución pasa por hacer eso que la evolución no ha hecho: hallar el *deus ex machina* o construir uno nosotros mismos. Y no basta con cualquier *deus*. Tenemos que encontrar un sentido —o, para ser más precisos, una búsqueda de sentido— que de verdad nos ayude a lidiar simultáneamente con los desafíos que la dopamina nos plantea cada día, por no decir en cada momento.

Empecemos por aquí. El secreto de la vida, como decía James Taylor en su canción, es disfrutar del paso del tiempo. O, como dijo una vez un joven sabio, «la vida avanza bastante rápido. Si no te paras de vez en cuando a mirar a tu alrededor, te la podrías perder».[2] Debemos tomar la decisión consciente de dejar de perseguir la promesa del mañana como si el placer de hoy fuera algo menor. Debemos alegrarnos no solo de buscar lo que podría haber sido, sino también de apreciar lo que tenemos. En este libro daremos mecanismos para amaestrar esa ley biológica que conecta el progreso compulsivo con la insatisfacción perenne, pero no nos detendremos ahí. Nuestras pugnas y nuestros triunfos deberían desembocar en algo más grande. Para que una vida se antoje bien vivida, debemos equilibrar el peso del deseo con lo que poseemos.

Qué irónico. Nos invade la necesidad imperiosa de catar cada oportunidad que se nos presenta. Pero para encontrar alivio, tú yo nos vemos obligados a buscar algo... más.

Este libro empieza, en la parte I, con una explicación de lo que es la dopamina y de cómo funciona. Gracias a este viaje por el neurotransmisor y sus sistemas cerebrales, entenderás la ciencia de buena parte de la experiencia humana diaria. Luego, cuando veamos soluciones a los desafíos que plantea la dopamina, esta información te ayudará a identificar y aplicar mejor los métodos sugeridos.

La parte II describe los trucos que puedes usar para subir o bajar la actividad dopaminérgica. Encontrarás maneras de aumentar o reducir el efecto general de la dopamina sobre el estado de ánimo, los instintos y la conducta. Hay compuestos, tratamientos y actividades que puedes aplicar de inmediato y que afectarán a tu día a día. También barajaremos otros puntos de vista que se están investigando.

La parte III aborda uno por uno los problemas específicos relacionados con la dopamina y da claves para resolverlos. Analizamos técnicas paso a paso para afrontar mejor los desafíos concretos planteados por la molécula. Estos métodos te ayudarán a recuperar el control sobre los sentimientos y las decisiones que más te preocupan.

En el capítulo final, se describe el elemento más básico para lidiar con la dopamina. Después de abordar los problemas y soluciones específicos, ahora tenemos otra oportunidad: hallar una forma de afrontar los sentimientos originales por culpa de los cuales esos problemas aparecen tan a menudo y de manera tan intensa en nuestras vidas. Para ello, fusionaremos la disciplina de la neurociencia con algo igual de importante del mundo de las ideas. Yo propongo dar un giro moderno a una filosofía antigua de afrontar la vida diaria, a fin de llevar una existencia más gratificante y completa.

Lo que encontrarás aquí te va a sorprender positivamente. Claro que puedes sentirte mejor. Todo empieza por decidir hacer el esfuerzo, y eso es algo que merece la pena. Sigue leyendo.

¿QUÉ PUEDO HACER DESDE YA?

El objetivo del primer libro, *Dopamina*, era mostrar la sorprendente y enorme influencia de la dopamina en la vida y la cultura. El objetivo de este segundo libro es dotarte de habilidades para procurar que esa influencia en tu día a día sea positiva. Mis consejos se extraen de la investigación de estudios médicos y psicológicos publicados y revisados por pares. En algunos casos, he hablado largo y tendido con el psiquiatra Dan Lieberman, con quien escribí el primer libro, que siempre se ha especializado en proporcionar a la gente métodos prácticos para ayudarla a sentirse mejor.

En estos momentos, es posible que no sepas identificar claramente qué problemas te provoca la dopamina. Aun así, tal vez quieras empezar a avanzar del modo que sea, ya mismo. He aquí cinco cosas sencillas que puedes empezar a hacer desde ya para propiciar los efectos positivos de la dopamina y reducir aquellos que te están dando la lata. Con esas prácticas, elevarás tu confianza y reducirás el malestar, y habrás hecho parte del trabajo para comenzar a domar la molécula de la avidez.

Haz actividad física con regularidad. Un método probado para aumentar la actividad positiva de la dopamina es hacer algo de ejercicio. Además de liberar dopamina, hacer deporte regularmente afianza el hábito del ejercicio (a través del sistema de recompensa del que hablaremos en la parte I). Seguramente las mejoras que aporta el ejercicio periódico te permitirán estar de mejor humor, ganar en autocontrol y tener una mayor autoestima.

Duerme bien. Solo con dormir suficiente y de manera regular, influiremos muchísimo en el sistema dopaminérgico. La privación del sueño rebaja los efectos positivos de la dopamina reduciendo la disponibilidad de los receptores que le permiten funcionar: vendría a ser como tener muchos coches en una ciudad, pero insuficientes calles para todos.[3] Los buenos hábitos de sueño ayudan a remediarlo. Además, el sistema dopaminérgico está unido a nuestros ritmos circadianos, los cambios diarios en el cuerpo y el cerebro. Si se perturba un sistema, se puede perturbar el otro. Así pues, dormir bien es un doble seguro para la función dopaminérgica, que a su vez influye en los ritmos circadianos relacionados con la vista, el sentido del olfato, ciertos tipos de motricidad y sistemas de recompensa, así como el equilibrio entre los sistemas corporales.[4]

Dale al reproductor. Cuando escuchas música que te gusta —el disfrute parece ser clave para que tenga efecto—, se activan varias vías de recompensa dopaminérgicas (incluyendo, por razones todavía no esclarecidas, algunas vías vinculadas a la supervivencia). Por si fuera poco, la música compleja con variaciones frecuentes de estilo, cualidad y volumen tiende a suscitar una mayor actividad neuronal que la música más simple.[5] Por lo tanto, hay una manera fácil de estimular los sentimientos positivos asociados a la dopamina: ponte canciones que te digan algo de verdad, que te encanten.*

* Ya para empezar, ¿por qué nos gusta la música? En parte, podría deberse a la sorpresa. De pequeños, aprendemos cómo suenan las escalas musicales y reconocemos la tensión y la relajación cuando un músico transita entre acordes. Nuestra

Practica el reposo. Hay tipos de reflexión que estimulan la dopamina. Uno de ellos es el yoga nidra, que se parece a la meditación sin serlo exactamente. El yoga nidra es más bien como entrar en un estado de semisomnolencia, una forma de consciencia y concentración profundas. Tampoco es necesario meterte en los aspectos espirituales y filosóficos del yoga para utilizar esta práctica. Lo puedes hacer solo para beneficiarte de sus efectos. No obstante, es probable que necesites ayuda. Si buscas por internet, lo más habitual es que acabes encontrando listas de instrucciones vagas como «visualiza tu objetivo» o «encuentra un refugio en tu mente». Esos consejos no sirven de mucho. En vez de eso, prueba con «meditación guiada»: encuentra a alguien, en persona o en YouTube, que sepa practicar el yoga nidra y que tenga experiencia dirigiendo a otros hasta ese estado.

Hay al menos dos estudios que indican que el yoga nidra (y el yoga en general) aumenta nuestro nivel de dopamina. Normalmente, ese aumento se da cuando interactuamos más con el mundo que nos rodea, pero el incremento que genera el yoga nidra parece que nos involucra menos y reduce el nivel de actividad, lo cual es bueno. Este declive ali-

---

música favorita juega con esas expectativas. La dopamina nos hace sentir bien cuando algo nos sorprende positivamente; por lo tanto, quizás una parte de la atracción sea que la música suele satisfacer nuestras expectativas arraigadas y luego las supera gracias a un sorprendente y agradable cambio de acorde, nota o melodía. *(N. del a.)*

via un poco las exigencias de la función ejecutiva, la parte de la mente que nos ayuda a planificar, concentrarnos, recordar y hacer varias cosas a la vez.[6] Otros beneficios del yoga son que aumenta la serotonina, la cual permite controlar el estado de ánimo, y el factor neurotrófico derivado del cerebro (BDNF), el cual interviene en varios ámbitos, como la memoria a largo plazo.

Come bien. Una nutrición adecuada mantiene el equilibrio del cuerpo y contribuye a que todos los sistemas funcionen correctamente. Y entre ellos está el sistema dopaminérgico. Una dieta saludable favorece la capacidad del cuerpo de producir dopamina; una dieta que no lo es, la menoscaba. Así de fácil.

No te dejes engañar por las falsas promesas de alimentos «que generan dopamina». Liberar más dopamina solo con comer o beber algún ingrediente «milagroso» es tan improbable como ganar una estrella Michelin echándole algo de azafrán al pollo hervido. Salvo que estés gravemente malnutrido, tu problema de dopamina no se deberá a una carencia de alimentos que contengan los componentes químicos necesarios. La carne magra, los lácteos y las verduras de hoja son saludables, pero no conseguirán que tu cuerpo produzca dopamina adicional, del mismo modo que la harina, la mantequilla y el azúcar de la despensa no se convierten automáticamente en galletas. Los que más se acercan a ser alimentos generadores de dopamina son la fruta, la verdura y los cereales integrales, que estabilizan la glucemia. Los niveles elevados de glucosa estimulan innecesariamente los sistemas de recompensa cerebrales, pero los niveles moderados nos ayudan a evitar esos dichosos arrebatos instintivos. En lo que concierne a la dopamina y la dieta, no hay más.

PARTE I

LAS CLAVES DE LA DOPAMINA

Para empezar

UN SISTEMA ANTIGUO TENSADO POR EL MUNDO MODERNO

Este libro es un manual paso a paso que nos enseña, por partes, a controlar los efectos de la dopamina: a acrecentar su efecto cuando nos falta motivación, a reducirlo cuando nos sentimos superados y a modularlo cuando nos enfrentamos a un reto que presenta distintos matices. Si sigues estas técnicas, te harás con una serie de poderosas herramientas para mejorar tu vida. Pero antes de intentar cambiar nada de tu relación con la dopamina, vamos a empezar refrescando sus principios básicos.

La dopamina desempeña un papel fundamental en muchas de nuestras acciones y reacciones conscientes, en especial, en aquellas que tienen que ver con la motivación, la recompensa y la elección. Nuestros sentimientos y actos suelen empezar así: *¿Ves eso que no tienes? ¿Eso que nunca habías visto? Está lleno de posibilidades y deberías echarle un vistazo. Lo quieres. Puede que incluso lo necesites. Y si lo consigues, es muy probable que te sientas más seguro, más satisfecho..., más de todo. No dudes de lo que sientes. ¡Arreando!*

El problema es que esto nos hace más susceptibles a los impulsos y menos propensos a la reflexión. Lo que nos atrae nos mueve más que lo que damos por hecho; lo potencial puede más que la realidad. En el mundo de los primeros humanos, donde la supervivencia exigía estar atentos en todo momento, esta sensibilidad constante a los posibles riesgos y recompensas era ideal. Pero ¿en un mundo moderno milagroso lleno de fantásticas distracciones? Ese sistema nos proyecta en mil direcciones distintas, muchas de ellas destructivas. Algunos alicientes tienen un valor genuino, pero los demás fluctúan entre la diversión inocua y la alteración mortal. Lo que queremos acostumbra a chocar con lo que necesitamos. El resultado más común de este conflicto, que probablemente te ha llevado hasta este libro y su predecesor, es que este desfile de alicientes —algunos de los cuales son discutibles y otros deseables— nos provoca hastío, insatisfacción y la sensación de que la avidez insaciable nos acaba vaciando.

Aunque las provocaciones que el sistema dopaminérgico encuentra hoy son radicalmente diferentes de las que afrontaban los primeros humanos, su respuesta sigue siendo la misma, y ahí está la raíz del problema: el sistema evolucionó para un tipo de vida que ya no existe. De nosotros depende adaptar nuestras respuestas. Para hacerlo, tenemos que entender en clave moderna un sistema de dopamina antiguo. En este apartado recordaremos cómo funciona este sistema, cuáles son sus dos partes fundamentales, cómo las experimentamos y los beneficios y desafíos que entrañan.

1

FELICIDAD O SUPERVIVENCIA

EL PROBLEMA: ELEGIR LA FELICIDAD AHORA... O ALGO MEJOR EN EL FUTURO

Lo que necesitamos para sobrevivir a la larga no suele ser lo que nos hace felices en el momento.

Si voy a trabajar, podré pagar el alquiler... pero preferiría quedarme en la cama.

Este brócoli al vapor me hará bien... pero ¡jolines! ¡Es que tienen helado!

Debería ahorrar parte del sueldo para cuando vengan mal dadas... aunque también podría comprarme esta tele ahora mismo.

La mayoría de nuestros problemas cotidianos son así: ¿prefiero la recompensa a largo plazo o la diversión a corto plazo? Las cosas que nos permiten sobrevivir a la larga no acostumbran a ser las que nos hacen felices ahora, así que llegamos a un término medio. Como individuos, seguimos un régimen, pero algún día nos lo saltamos. Como sociedad, aceptamos trabajar de lunes a viernes, pero el fin de semana libramos. Esta pugna entre el ahora y el después, entre la disciplina y el disfrute, puede ser distendida en ciertas ocasiones y enconada en otras. Es una característica elemental de la experiencia humana. A veces parece que no hay término medio: puedes vivir una vida corta y feliz o una vida larga basada en la abnegación.

Pero si estás dispuesto a profundizar, hay una noticia positiva en todo esto: aunque la infelicidad está incrustada en el cerebro humano, ser infeliz tiene sus ventajas. Es una de las grandes motivaciones que existen. No hace falta mucho para impulsarnos a actuar. Lo único que necesitamos la mayoría es atisbar que el futuro nos puede deparar algo mejor, algo más de lo que tenemos en estos momentos. He aquí la clave del progreso vital. Muchas veces nos prestamos a sacrificar un poco de confort actual por la posibilidad —no la certeza, sino simplemente una remota posibilidad (eso será importante)— de poder cambiarlo por algo mejor. Por algo más.

En cada decisión que tomamos hay un equilibrio entre la felicidad de hoy y la «posibilidad» del mañana. El sacrificio de una cosa u otra depende por completo de nosotros. Tanto en grandes disyuntivas como en pequeñas dudas, esto determina lo que sentimos y logramos. Es el motor del progreso.

EN RESUMIDAS CUENTAS

Sistemáticamente nos vemos obligados a escoger entre la gratificación actual y el premio futuro. Esto nos genera infelicidad, pero no es malo: la insatisfacción nos motiva para crear cosas mejores en cuanto que personas, familias, organizaciones y sociedades. La gente feliz no se hace mejor ni a sí misma ni al mundo. Puede que esto no te parezca una buena noticia, pero es un hecho del que podemos sacar mucho partido.

La causa del desasosiego

El conflicto natural entre el beneficio de mañana y el placer de hoy puede llevarnos no solo a la infelicidad, sino también al desasosiego. A medida que la satisfacción por nuestras victorias se desvanece, la vida vuelve a sumirnos en la depresión.

Consigues el trabajo de tus sueños, pero al cabo de un tiempo te sientes decepcionado porque no es lo que esperabas. Obviamente, empiezas a buscar el siguiente trabajo y el ciclo vuelve a empezar.

Ese vestido de marca que compraste te quedaba de cine en el probador, pero ahora que lo has llevado en un par de fiestas ya no parece tan especial. Lo cuelgas en Vinted y empiezas a buscar otro.

Ojalá quisiera salir conmigo. Ojalá quisiera acostarse conmigo. Ojalá este quisiera casarse conmigo.

Al poco de conseguir algo, nos surge una pregunta engorrosa: ¿esto es todo?

Cuando uno ya lleva un tiempo en esa rueda, empieza a buscar algo más aparte de la acumulación de posesiones e hitos, algo que dé más sentido a su vida.

Una solución es priorizar el trabajo sobre todo lo demás, pero entonces la familia suele sufrir y, normalmente, nuestra trayectoria laboral no nos resulta tan gratificante como habíamos esperado. Otros intentamos justo lo contrario: anteponer la familia al trabajo, pero entonces nuestra holgura financiera se resiente, o echamos de menos la sensación de ambición que aporta el esfuerzo, o los niños crecen y se van y terminamos solos con nuestra pareja y el perro. ¿Entonces, qué? También están los que empiezan a dedicar toda su atención a una afición, a las redes sociales, a viajar, a hacer voluntariados, a estudiar, a la política, a la iglesia, a la jardinería, a tocar las narices en las reuniones de escalera... Pero tampoco funciona, la verdad. Al final, tienes la sensación de que has vuelto a la rueda, a la rueda de hámster más insulsa del mundo. Acabamos trazando el mismo círculo de tristeza una y otra vez. En el mejor de los casos, lo hacemos acompañados de la decepción; en el peor, nos sobreviene la depresión, la ansiedad, las conductas alarmantes hacia los demás o hacia nosotros mismos o una combinación de todas estas cosas.

EN RESUMIDAS CUENTAS

Deseamos algo, lo perseguimos y al final nos hacemos con ello. Así es como vivimos nuestra vida. Pero esa conquista solo nos aporta un placer pasajero. Por consiguiente, lo que nos empuja hacia el progreso también nos puede provocar desasosiego.

Aquí destaca un problema básico de la existencia humana: el éxito y la insatisfacción están relacionados, tal vez de manera inextricable.

Una solución antigua que no tiene lugar en el mundo moderno

Los primeros humanos habitaban en un mundo lleno de amenazas inminentes y escasez. Tenían que ser capaces de detectar de manera natural cualquier cambio inesperado en su entorno, porque todo lo nuevo podía ser un peligro, convertirse en su cena o resultar útil de alguna forma todavía por aclarar. Así pues, nuestra conducta evolucionó, a través de los sistemas cerebrales, para garantizar nuestra supervivencia.

Pero el mundo ha cambiado. Si todavía tuviéramos que vivir huyendo de amenazas a la integridad y cazando animales para consumirlos el mismo día, esa atracción constante de la avidez sería ideal. Sin embargo, esa realidad desapareció hace tiempo. El mundo del siglo XXI es bastante seguro. No tenemos que barajar cada potencial oportunidad porque, por lo general, nuestra vida no corre peligro. Así que en muchos sentidos esa ventaja evolutiva se ha convertido en una losa; una losa exclusiva de la modernidad. Nuestra supervivencia ya no depende de tener un instinto indomable de resolver cualquier pequeño misterio con el que nos encontremos.

Y, aun así, cada nueva provocación y posibilidad sigue intrigándonos biológicamente. De hecho, nos llama con tanta intensidad que las desventajas de esta respuesta automática suelen interferir con la vida normal. Si no te preocupa tu siguiente bocado, y si tienes un techo bajo el que cobijarte y un abrigo en el armario, entonces la necesidad de explorar cualquier novedad es un instinto demasiado frecuente e intenso para tu propio bien. En el mundo moderno, terminamos por perseguir muchas cosas que no nos hacen falta y, luego, pagamos las consecuencias.

EN RESUMIDAS CUENTAS

Si los humanos adquirimos una curiosidad por las cosas nuevas, fue porque estas podían ayudarnos a sobrevivir. A los primeros humanos les resultaba útil, pero, en el mundo moderno, eso nos hace vulnerables a distracciones innecesarias, farragosas o incluso peligrosas. Esta propensión de antaño se activa excesivamente para la vida que llevamos ahora. En un mundo tan seguro como el nuestro, esta curiosidad constante y superflua conlleva un coste.

El neurotransmisor que mueve todos los hilos: la dopamina

La parte del cerebro responsable de todo esto funciona con el neurotransmisor llamado dopamina. La dopamina y sus circuitos identifican la promesa de algo útil y crean una sensación tentadora de ilusión y optimismo que nos impulsa a investigar. Pero fijaos en lo ilógico de todo: esa sensación no es fruto de la evidencia, sino del valor potencial no explorado. Así que invertimos grandes esfuerzos por un optimismo no corroborado. La dopamina no nos anima a avanzar diciendo: «Vamos a sopesar los pros y los contras», sino diciendo: «¡Seguro que es el no va más! ¡Vamos a por ello!».

O sea que la dopamina nos insta a correr en busca de lo que podría ser bueno, basándose en la falsa promesa de que lo es.

Así es como la dopamina nos hace sacrificar cosas buenas que ya tenemos por cosas que únicamente podrían ser buenas. Apunta más allá del horizonte, donde no nos alcanza la vista. La dopamina genera el picor que no podemos evitar rascarnos. Nos lleva a arriesgar, a veces de forma insensata o irracional. Nos impulsa hacia delante con el cebo de un quizás; un quizás que nunca está asegurado y que a veces conlleva un elevado coste; un quizás para mejorar nuestra vida y hacerla más segura, más próspera, más interesante y más de todo. Dan Lieberman y yo la llamamos «la molécula de la avidez» por una buena razón. Aunque lo que ya tenemos sea maravilloso, la dopamina nos hará sentirnos insatisfechos y nos llevará a codiciar otra cosa, por muy incierta que sea. Por eso es tan importante entender y controlar la dopamina.

Rainn Wilson, que interpretó a Dwight Schrute en la serie de culto *The Office*, es famoso, rico y amado por millones de personas. Y, aun así, dice que cuando estaba en la cresta de la ola, se sentía muy desgraciado. Tenía una espina clavada porque pensaba que, por mucho que tuviera, debería aspirar a más. Esto fue lo que le comentó al cómico Bill Maher en una conversación que mantuvieron (la negrita es mía):

> Trabajando en *The Office*, me sentí bastante infeliz durante varios años porque **no era suficiente**. Ahora me doy cuenta de que, jolines, estaba en una serie que lo petaba, todos los años estaba nominado en los Emmy, ganaba un dineral... A la gente le encantaba. **Pero yo no lo disfrutaba. Lo que yo pensaba era: «¿Por qué no soy una estrella de cine?** ¿Por qué no soy el siguiente Jack Black o el siguiente Will Ferrell? ¿Qué pasa que no puedo trabajar en cine? [...] Nada me bastaba».[1]

He aquí una experiencia dopaminérgica paradigmática. Sean cuales sean las cosas satisfactorias que ya poseamos, la dopamina señala más allá del aquí y el ahora y dice: *¿Ves esto que todavía no tienes? Esta es la clave real de la felicidad. ¡Ve a por ella!*

La dopamina no «sabe» nada de cierto sobre la promesa que hace. Imaginaos al chaval que se planta a las puertas de un teatro e intenta atraer a los transeúntes para que entren a ver el espectáculo de humor. Te promete la noche más desternillante de tu vida, pero ese tío no tiene nada que ver con el espectáculo. ¡Es posible que ni lo haya visto! Es un comercial con una única función: conseguir que la gente entre. ¿De verdad te va a gustar el espectáculo? A ti te dirá que sí, pero no lo sabe seguro.

Ese comercial es la dopamina.

La dopamina te promete un buen rato porque es lo que hace la dopamina. Firma cheques que no tendrá que abonar nunca. El cumplimiento de esas promesas depende de otros.

EN RESUMIDAS CUENTAS

La dopamina nos insta a perseguir todo lo nuevo y potencialmente útil. ¿Cuál es el problema? Que lo que libera la dopamina es la posibilidad, no la certeza; el optimismo, no la realidad confirmada. Esto nos hace perseguir cosas que a menudo no tienen ningún valor o que incluso nos pueden romper el corazón.

EL ALIADO DE LA DOPAMINA: LAS SUSTANCIAS QUÍMICAS DEL AQUÍ Y EL AHORA

Es importante entender que la dopamina es la mitad de una alianza clave de nuestra consciencia. La dopamina es la molécula del «deseo». Concierne a cosas que escapan a nuestro control inmediato —el espacio extrapersonal— y lo hace a través de la anticipación y la planificación.

El complemento de la dopamina son, literalmente, todos los demás neurotransmisores. Los vamos a llamar «sustancias químicas del aquí y el ahora» porque afectan al espacio peripersonal, la zona física que contiene cosas a nuestro alcance inmediato. A diferencia de los placeres que la dopamina genera de manera anticipada, las sustancias químicas del aquí y el ahora nos hacen disfrutar de aquello que vemos, oímos, catamos, tocamos y olemos, es decir, placeres derivados de los sentidos.

La próxima vez que compres algo para lo que has ahorrado y esperado mucho, fíjate en lo que sientes al consumar la transacción. Ese es el momento en que la parte dopaminérgica de la asociación cede las riendas a la parte del aquí y el ahora, cuando el deseo da lugar a la experiencia en sí. Seguro que notas el clic. La dopamina, que piensa en el futuro, se retira. Las sustancias químicas del aquí y el ahora, centradas en todo lo sensorial, asumen el control. Ahora que posees la cosa que querías, tus sentimientos dependen de lo que notas al tocarlo, verlo, sostenerlo o vivirlo. La ilusión de la posibilidad queda reemplazada por la realidad. La búsqueda ha acabado. La atracción dopaminérgica que te trajo hasta este punto empieza a desdibujarse. Ha cumplido su propósito motivacional. El sentimiento se desvanece. Lo único que queda es la realidad: lo que tienes en tus manos.

Este cambio de sentimientos, este adiós al mundo de la dopamina para entrar en el mundo del aquí y el ahora, suele ser el inicio de una desilusión que tarde o temprano se asienta en ti. También es cuando empezamos a entender por qué a menudo nos aburre lo que ya poseemos.

EN RESUMIDAS CUENTAS

La dopamina nos permite proyectarnos en el tiempo y el espacio, pensar en cosas por las que tenemos que trabajar y organizarnos. El complemento de la dopamina es el conjunto de sustancias químicas cerebrales que se liberan por cuestiones inminentes o próximas: las sustancias del aquí y el ahora, que están relacionadas con la experiencia de consumir y hacer. La dopamina es deseo. Las sustancias químicas del aquí y el ahora son posesión.

UN SISTEMA DE ALARMA Y UN SISTEMA DE CÁLCULO

El sistema dopaminérgico está formado por dos subsistemas. Uno es una especie de sistema de alarma. El otro es un microprocesador que trata de descubrir qué activó el primer subsistema.*

En el primer sistema, cuando sentimos el impulso de investigar una oportunidad nueva y misteriosa, se enciende una alarma mental. Se trata del sistema del deseo dopaminérgico. Cuando barajamos hacer algo respecto a lo que nos ofrece ese sistema, cuando planificamos, cuando descartamos posibilidades y cuando imaginamos posibles escenarios, estamos usando el segundo sistema: el sistema del control dopaminérgico. El control y el deseo se alían para trabajar con miras al futuro, hilvanando el sentimiento (deseo) con el pensa-

* Hay un tercer sistema dopaminérgico del que no hablaremos porque concierne sobre todo al control motor. Por eso, cuando buscas «dopamina» en Google el motor de búsqueda arroja muchos resultados relacionados con el párkinson, una enfermedad que afecta el movimiento. *(N. del a.)*

miento (control). El primero nos insta a avanzar. El segundo nos da la capacidad de hacerlo. Partimos de un impulso burdo y rudimentario y, luego, lo procesamos con calculadora y persistente sofisticación.

Para cumplir nuestros objetivos, necesitamos ambos sistemas, pero es la dopamina del deseo* la que nos atrae. La dopamina del deseo nos «promete» que lograr el objetivo será tremendamente placentero y nos motiva durante todo el proceso.

El circuito del deseo nace en lo más recóndito del cerebro, en el área tegmental ventral, donde se produce buena parte de la dopamina. Su fin se encuentra en el núcleo accumbens, que influye sobre el estado de ánimo y la conducta a través del sistema límbico. En cuanto se activa el circuito del deseo, ansiamos cosas que no tenemos y surgen sentimientos relacionados con él como la motivación, el entusiasmo y la anticipación.

El circuito del deseo también nos persuade de perseguir lo que estamos persiguiendo. Es una experiencia intensa difícil de describir. Imagínatelo como la sensación placentera de poseer algo... antes de hacerte con ello de verdad. Este compás emocional suele ser superior a la propia consecución de lo deseado. Piensa en el momento en que un camarero te sirve una comida es-

* Una molécula de dopamina provoca una serie de efectos en los receptores del sistema del deseo y otros efectos distintos en los receptores del sistema del control. Para no complicarnos, cuando nos refiramos a esta distinción, vamos a hablar de diferentes tipos de dopamina, igual que hicimos en el primer libro. Pero lo cierto es que «dopamina del control» no alude a un único tipo de molécula, sino a «la actividad en el sistema del control dopaminérgico». *(N. del a.)*

pectacular en un restaurante. Vas a darte un festín, pero todavía no has probado bocado. Esta sensación combina el placer de la anticipación con el de la posesión, pese a no ser ninguna de ambas. La anticipación radica principalmente en el pasado; la posesión, en el futuro. Ambas sensaciones son agradables, pero claramente diferentes. ¿Cuál es mejor? Vamos a preguntárselo a Winnie the Pooh:

> «Pues mira —dijo el osito—, lo que más me gusta es...», y entonces tuvo que parar a pensárselo. Porque aunque comer miel era una cosa muy buena, había un instante justo antes de empezar a comer que era aún mejor, y él no sabía cómo se llamaba.[2]

En ese «instante previo», la dopamina del deseo hace lo que mejor se le da: motivarnos con la promesa de un placer inminente y extraordinario. Al ofrecernos una pizca —una versión— de lo que podría ser, el circuito del deseo mira al futuro y nos insta a superar los obstáculos que nos separan del objetivo.

Este es el momento exacto en que la dopamina nos puede meter en un lío. Lo único que le importa al sistema del deseo dopaminérgico es que esa cosa sea nueva. La «quiere» sin valorar si es saludable, inteligente o sensata. No hay ningún motivo evidente, ningún análisis racional. Si solo tuviéramos el circuito del deseo —o si ese circuito no estuviera en sintonía con el resto del cerebro o estuviera dañado—, saldríamos corriendo detrás de cualquier cosa nueva que encontráramos.

Por suerte, la dopamina del deseo tiene una cómplice, la dopamina del control, que aporta algo de reflexión. El circuito del control comienza su andadura en el mismo lugar que el del deseo, pero sigue otro camino. En lugar de liberar su dopamina en el sistema límbico, donde regulamos las emociones básicas, conduce sus moléculas a los lóbulos frontales. Eso es fundamental, porque en esos lóbulos planificamos y sopesamos opciones. Con la motivación del sistema límbico y la estimación de los lóbulos frontales, conseguimos un poder enorme. Primero, el circuito del deseo genera interés en aquello potencialmente útil. Luego, el circuito del control permite dilucidar si merece la pena perseguir ese interés y, en caso afirmativo, cómo hacerlo. Lo logra facilitando el pensamiento abstracto, la concentración y la habilidad para abordar tareas mentales complejas.

Para cumplir nuestras metas, necesitamos que los dos subsistemas colaboren.

EN RESUMIDAS CUENTAS

El sistema del deseo dopaminérgico nos insta a perseguir cosas nuevas que podrían tener un valor existencial. Pero la base de esa atracción es la promesa, no un hecho confirmado. Para lograr esas cosas, el sistema del control dopaminérgico nos provee de la facultad de imaginar, planificar y ejecutar.

VENTAJA ESPECTACULAR N.º 1: LOS VIAJES MENTALES EN EL TIEMPO

Cuando la dopamina nos impulsa a perseguir algún objetivo, no nos impone el deseo y luego nos abandona. A través de la dopamina del control, nos permite diseñar un plan para lograr nuestra meta. Por ejemplo, nos hace imaginar varias situaciones hipotéticas: *¿Qué pasaría si consiguiera lo que quiero? ¿Cuánto me costaría? ¿Qué dificultades podrían interponerse en mi camino, y cuánto me costará sortearlas?* Así, adquirimos un arma lógica para contrarrestar el impulso emocional dopaminérgico. Se trata de la capacidad racional de decidir si queremos averiguar lo que nos depara esa posibilidad. Gracias a la razón, la intuición y la imaginación, somos capaces de viajar mentalmente en el tiempo.

Hay un restaurante cerca de mi casa donde venden un bocadillo de pollo a la brasa que..., en fin, se me hace la boca agua. Siempre puedo imaginar hipótesis para ayudarme a decidir si quiero ir a comprar uno de esos bocadillos. *¿Quiero gastarme el dinero? ¿Me compensa desplazarme hasta ahí en coche para recogerlo o me vale con quedarme en casa y recalentar las sobras en el microondas?* Si decido que quiero el bocadillo, la dopamina del control me permite elaborar un plan para ir a buscarlo.

La decisión sobre el bocadillo de pollo es trivial al lado de los grandes dilemas de la vida, pero la capacidad de llevar a cabo un análisis semejante es indispensable para afrontar el día a día. Para elegir mi futuro, primero tengo que poder imaginarlo. Debo ser capaz de viajar mentalmente en el tiempo, de modo que necesito la habilidad de imaginar varios futuros, analizarlos y adaptarlos para ver los distintos beneficios y problemas y, luego, barajar esas posibilidades. La dopamina del control lo hace posible.

Imaginemos una decisión tan importante como la de proponer matrimonio. La dopamina del deseo es la que despierta mi interés por formalizar una relación, y la dopamina del control me permite urdir un plan para presentar mis argumentos a mi pareja. Pero la dopamina del control también me da la opción de barajar si quiero pedírselo o no. Gracias a ella, puedo concebir cómo sería mi vida matrimonial hasta el más mínimo detalle, sopesar las cosas buenas y las malas y, tal vez, entender que no estoy hecho para estar casado (o que soy perfecto para ello). La dopamina del deseo nos atrae con la posibilidad. La dopamina del control nos permite no solo planificar, sino también perseguir, atenuar o abandonar una idea. Su fórmula es dejarnos imaginar futuros alternativos para que podamos escoger el mejor camino.

Viajando mentalmente en el tiempo, soy capaz de imaginarme en varias situaciones hipotéticas, barajar las ventajas y desventajas y tomar una decisión sobre el futuro sin apostar nada más que mi energía mental. No hay riesgo. Ni peligro. Ni coste. Pongamos el ejemplo de que me estoy planteando comprar un coche. Puedo imaginar las diferencias entre tener un todoterreno de alta gama y tener un Citroën C1, comparando parámetros como el precio, el valor, el coste de las reparaciones, la utilidad, la fiabilidad, la seguridad y la satisfacción. Si voy a matricularme en la universidad, puedo comparar diferentes carreras. Si soy fontanero, puedo sopesar las ventajas de acceder a una cañería a través de las baldosas de la ducha o hacerlo a través de la pared de pladur que hay al otro lado. Como ingeniero, no tengo por qué esperar a que un puente esté construido para saber si soportará el peso de los coches. Puedo usar las leyes abstractas de la física para calcularlo previamente. Como seres humanos, podemos incluso reflexionar sobre sistemas abstractos complejos como la justicia, la moral y la belleza estética. Los humanos tenemos más dopamina que ninguna otra especie. El resultado es el mundo donde vivimos, un mundo que no deja de mejorar. Y si es así es porque, antes de que fuera real, fuimos capaces de transformar una posibilidad dopaminérgica puramente mental en un hecho físico.

El futuro nace de la avidez del presente. Este instinto de mirar más allá, así como la capacidad de imaginar una vía para conseguir algo lejano en el tiempo o el espacio, nos permite progresar. Como dijo Rainn Wilson, «la insaciabilidad nos ha ayudado como especie».

EN RESUMIDAS CUENTAS

La dopamina tiene un beneficio espectacular: nos brinda control sobre el tiempo y el espacio, de modo que nos permite imaginar cosas que todavía no poseemos o que no existen. Gracias a la dopamina, también manejamos abstracciones y situaciones hipotéticas que solo existen en nuestra imaginación. Esta habilidad, a la que vamos a llamar «viajar mentalmente en el tiempo», separa a los humanos de las demás especies y es vital para el progreso y la creatividad.

VENTAJA ESPECTACULAR N.º 2: LA FUERZA DE UNA BUENA SORPRESA

El detonante de la dopamina del deseo no es únicamente la oportunidad de conseguir algo valioso. Lo que te llama la atención debe ser capaz de desembocar en una realidad mejor de la que esperas.

Pongamos por caso que hoy tengo que cobrar. Mi jefa se acerca a mi escritorio y me entrega el cheque de esta semana. Para no complicarnos con cálculos aritméticos, imaginemos que son mil dólares. Yo me guardo el cheque en la cartera y vuelvo al trabajo. Aquí no hay descarga de dopamina. Pero vamos a suponer que esta semana el cheque viene con un extra de cien dólares, y el importe del mismo explica que la jefa ha adoptado una nueva política. A partir de ahora, de vez en cuando, añadirá un sobresueldo. De repente, empiezo a esperar ansioso el cheque semanal. Pero un momento... Solo son cien pavos, y ni siquiera puedo estar seguro de que los cobraré. ¿Por qué antes no me sentía igual de entusiasmado antes de cobrar, cuando mi sueldo era diez veces superior a ese plus?

Lo que libera dopamina es la posibilidad de que algo exceda positivamente a nuestras expectativas. Es la fuerza de una buena sorpresa, que nosotros denominaremos «error de predicción de recompensa». Yo pensaba que cobraría lo mismo que siempre, cuando la realidad es que recibí cien dólares adicionales. Era más de lo que esperaba. Y, a partir de entonces, supe que cada viernes existiría esa posibilidad. La ilusión y la expectativa que genera la remota posibilidad de obtener más activan la liberación de dopamina. Respecto al motivo por el que me ilusionan los cien pavos extras, cuando los mil que cobro normalmente me dan lo mismo, cabe señalar que el detonante de esa sensación positiva no es el dinero en sí. Es el entusiasmo inesperado tras confirmar que mis expectativas eran erróneas, y que al final no he recibido menos ni he recibido lo mismo, sino más.

Si este sábado tu pareja te sorprende con flores, te hará liberar dopamina y te provocará una sensación agradable. ¿Cómo de agradable? Pues la dopamina liberada será proporcional a la distancia entre lo que tú esperabas (la llegada de tu pareja) y lo que pasó realmente (su llegada con flores). Pero si tu pareja empieza a llegar a casa con un ramo cada pocas semanas, tu expectativa de recibir flores ya no será nula, así que cada vez liberarás un poco menos de dopamina. Y si la persona que amas empieza a traerte flores a casa todos los viernes, la liberación de dopamina volverá a ser inexistente, porque no habrá diferencia entre los hechos y tus expectativas. Antes, recibir flores era como que te tocaran cien dólares en la lotería. Ahora, se ha convertido en una especie de cheque habitual.

Volveremos bastante a esta idea. Por ejemplo, el error de predicción de recompensa es el que nos hace consumir compulsivamente contenido de las redes sociales: *tal vez lo próximo que lea me hará sentir mejor. No siempre pasa, pero alguna vez sí ha pasado. Quizás volverá a suceder.* También es el principio básico de las máquinas tragaperras: *quizás en la próxima partida me llevo un premio. Me ha pasado antes. Quizás volverá a suceder.* La dopamina nos recompensa por perseguir cualquier posibilidad de acumular más, por remota que sea.

EN RESUMIDAS CUENTAS

El detonante de la dopamina es el error de predicción de recompensa: cuando hay la posibilidad de conseguir algo que excede nuestras expectativas, sentimos una ilusión única e intensa. Pero cuando nos habituamos a la sorpresa y esta deja de extrañarnos, el frenesí dopaminérgico se desvanece.

El gran peligro: por qué necesitamos cada vez más y sentimos cada vez menos

Hay otro atributo del sistema dopaminérgico que debemos conocer: cuanto más estimulamos un proceso concreto del sistema dopaminérgico, más estimulación necesitamos para obtener una respuesta. La dopamina no solo está al acecho para conseguir más, sino que acaba necesitando más. A veces, eso nos lleva a abusar de actividades potencialmente muy peligrosas.

Cuando empiezas a tomar alcohol en la adolescencia, o a los veintipico, seguramente con cuatro tragos ya estás piripi. Si empiezas a beber más a menudo, enseguida necesitas una o dos consumiciones para lograr esa misma sensación. A lo largo de los meses o los años, y según la frecuencia con la que te emborraches, es probable que llegues a un punto en el que necesites muchas copas para conseguir el mismo efecto que esos cuatro tragos del principio.

Dicho de otra forma, necesitamos cada vez más y sentimos cada vez menos.

Si recorremos continuamente una misma vía dopaminérgica, producimos este efecto. Cada vez la gratificación se apaga un poquito más, incluso hasta desaparecer del todo. Cada experiencia aumenta nuestra tolerancia a los estímulos: cuanto más transitada es una vía dopaminérgica, menos placer obtenemos de ella, así que terminamos aspirando a más solo para mantener la sensación. Esta necesidad creciente de estímulos se expresa en todo tipo de aventuras, de la escalada al sexo: cada «nuevo episodio» tiene que ser más extremo —más estimulante, más frecuente o ambas cosas— para ser igual de agradable que la última vez.*

Hay un camino mejor. Podemos usar el sistema del control dopaminérgico para moderar nuestras elecciones. Al hacerlo, no estimulamos tanto ni tan intensa-

* La gente que se excede con ciertas drogas puede vivir esta experiencia dopaminérgica de la forma más cruel posible. En algunos casos, una sola dosis de determinadas drogas corrompe el sistema del deseo dopaminérgico hasta tal punto que la tolerancia del individuo se vuelve infinita: por mucha droga que tome, esa persona, no obtendrá ningún placer. Así que sigue tomando más y más hasta llegar a la sobredosis y la muerte. *(N. del a.)*

mente esos centros de placer, con lo que estos no pierden su efecto. Vamos a valorar un caso mucho menos grave que el de las drogas ilegales, pero que sigue un patrón parecido. Hace unos años, empecé a tomar Dr. Pepper sin azúcares añadidos. Me encantaba y me tomaba cuatro o cinco latas al día, todos los días. Pero en unos meses, dejó de gustarme. Había tomado demasiado y demasiado a menudo. Había estimulado tanto esa vía y había dejado tan poco margen entre ingesta e ingesta que no había permitido a mi sistema volver a un estado normal sin estimulación. Si hubiera tomado menos, y no todos los días, tal vez seguiría gustándome esa bebida. Estimulando menos esas vías dopaminérgicas, conseguimos que la parte de nosotros que disfruta de esa actividad no se «canse».

Si liberamos dopamina para obtener un placer inmediato a expensas de los daños a largo plazo —si sucumbimos a los cantos de sirena de la dopamina del deseo y dejamos que esta silencie el juicio y la planificación de la dopamina del control—, podemos caer víctimas de un hedonismo infinito. Buscaremos la satisfacción eternamente, sintiendo cada vez menos, hasta que llegaremos a esto: *Siempre me voy a sentir así. Ya nunca siento el placer de antes. Y no veo la salida*. Entonces es cuando corremos el riesgo de sufrir una sobredosis.

Para fijarnos en los detalles, vamos a ver lo que sucede en el plano celular. Una molécula de dopamina provoca una sensación o un impulso cuando encuentra un receptor, que es el «cerrojo» de la «llave» dopaminérgica. Para entrar en tu casa, puedes meter mil veces la misma llave de metal en el mismo cerrojo de metal, que siempre funcionará igual. Pero el cerrojo dopaminérgico no es ni de lejos tan resiliente. Si estimulas en exceso y demasiado a menudo los receptores, el cerrojo se desgasta. Algunos de esos receptores dejan de funcionar, por lo que la molécula ya no se puede conectar en tantos sitios. Al menguar las interacciones con los receptores, también mengua el efecto (la sensación agradable) cuando se libera la dopamina. Por ende, se necesita más estimulación para lograr el mismo efecto. La tolerancia ha aumentado, en un proceso llamado «desensibilización».

Pero entonces hay solución, ¿no? *Si los receptores dejan de funcionar, el placer desaparece. Y, si el placer desaparece, la búsqueda de ese placer también debería desaparecer.* Pues no. Eso sería cierto de no ser por otro factor: la dopamina no solo produce placer, sino también deseo, y el deseo no se desensibiliza ni se esfuma.

Pensad en un adicto a la cocaína. Tal vez empezó a tomar la droga para sentirse colocado, pero ahora que lleva años consumiendo ya no obtiene ningún placer. Todos sus receptores de dopamina se han desensibilizado y su tolerancia a la droga ya es absoluta. Sin embargo, sigue tomándola porque, si bien el placer ha desaparecido, el deseo dopaminérgico pervive. El origen químico del deseo, procedente del núcleo accumbens, es el motor de la adicción: el placer se disipa, pero la sed no.*

* La abstinencia es dolorosa. El cuerpo trata de volver al funcionamiento normal cuando el abuso de sustancias ya ha alterado sus sistemas. En cualquier caso, los síntomas de la abstinencia suelen amainar. El principal motor de la adicción sigue siendo el deseo. *(N. del a.)*

En el cerebro, el deseo está programado más o menos como la memoria, y todos sabemos lo persistentes que pueden ser los recuerdos desagradables. Podemos tardar años en superar el deseo, y muchas veces necesitamos la ayuda de familiares, amigos, profesionales de la salud y grupos de apoyo. Los medicamentos para tratar la dependencia, como la naltrexona para el alcoholismo y la buprenorfina para la adicción a los opioides, también pueden ser buenas armas para la lucha.* De todos modos, es difícil; factible, pero difícil.

EN RESUMIDAS CUENTAS

Cuando las vías dopaminérgicas se activan demasiado, nos volvemos tolerantes a su estimulación. Por eso nos acabamos aburriendo de ciertas cosas y las dejamos. Pero con algunas clases de sobrestimulación, sobre todo con drogas y medicamentos, creamos una sed que no desaparece. He aquí el mecanismo de la adicción: el placer mengua o incluso desaparece, pero el deseo no. Entonces, adaptamos nuestra conducta para satisfacer ese deseo, a menudo de forma nociva. Algunos medicamentos contribuyen a que la adicción no nos consuma, pero normalmente tenemos que

* Parece que la semaglutida (un nuevo fármaco para perder peso), así como otros medicamentos similares, reduce muchos tipos de antojos, no solo de comida. Más adelante indagaré en lo que eso puede significar para un amplio abanico de problemas dopaminérgicos, incluida la propia adicción. *(N. del a.)*

encontrar ayuda profesional para generar mecanismos de defensa y afrontar las causas subyacentes.

El equilibrio de poder y el poder del equilibrio

A la hora de procurarnos un futuro deseable, la dopamina es tan importante como el aire que respiramos. Dicho eso, su capacidad para sacarnos de nuestras casillas —con un exceso o una carencia de anticipación— es tan habitual como un arma en la escena de un crimen. Pero entendiendo un poco la conexión entre la dopamina y los sentimientos que nos provoca, estaremos mejor preparados para contrarrestar sus efectos nocivos.

En un extremo del espectro de experiencias dopaminérgicas, encontramos la falta de deseo. Es habitual que la deficiencia general de dopamina y la inactividad en el sistema del deseo contribuyan a la depresión. Es desolador ver que no te apetece nada y que no te importa nadie. Cuando pierdes incluso las ganas de vivir, ese trastorno depresivo puede llegar a ser una enfermedad mortal. Las personas deprimidas son veinticinco veces más propensas a quitarse la vida que la población general.[3]

En el otro extremo, el deseo desenfrenado nos embarca en una aventura constante y extenuante por conseguir más. Los episodios maníacos se caracterizan por un aumento gradual de la intensidad, la excitación y la impulsividad, y por la tendencia a asumir más actividades de las asumibles. Entre las principales causas está el exceso de dopamina, un sistema del deseo dopaminérgico sobrestimulado y, en algunos casos, un sistema del control sobreactivado. El interés por el placer inminente es escaso o nulo; hay un estado permanente de aspiración, a menudo acompañado de una autoestima desorbitada. Una persona que padezca un problema así estará sumida en una persecución infinita del siguiente objetivo y nunca se molestará en pararse a disfrutar cuando lo consiga. Esta persecución perpetua y sin alegría puede convertirse en otra suerte de adicción.

Con estos extremos en mente —la desmotivación profunda en una punta y la obsesión por las metas en la otra—, nos es más fácil reconocer dónde se enmarcan nuestras propias experiencias. ¿Te preocupa que algo te esté empezando a aburrir: un trabajo, una relación, una concatenación interminable de proyectos? ¿Te parece que has perdido curiosidad, motivación o ilusión? Podría estar relacionado con una falta de dopamina o de actividad dopaminérgica. En el otro extremo, podemos adquirir un interés por el alcohol o las drogas que afecte a nuestra vida, por más que ese interés no sea (de momento) una adicción. O podemos estar a disgusto con cosas que hacemos. Tal vez nos estamos dando atracones de comida, o cayendo en conductas indeseadas relacionadas con el sexo, la comida, el consumismo o el juego, y queremos hacerlo menos o parar. Cualquiera de estas cosas podría estar vinculada con un exceso de dopamina.

Cuando dejamos de encontrar placer en las cosas del aquí y el ahora, necesitamos reducir la dependencia de la anticipación dopaminérgica y explorar más a fondo lo que podemos experimentar con nuestros cinco sentidos.

Cuando la anticipación ya no nos aporta placer, debemos aprender a mirar más allá y dar rienda suelta a la curiosidad por lo desconocido.

A la hora de invertir nuestra energía y nuestra atención, tenemos que encontrar el equilibrio entre las posibilidades de futuro y los placeres del presente, entre la ilusión por el mañana y las experiencias de hoy.

En un mundo ideal, esto es lo que debería suceder cada vez que alcanzáramos un objetivo: nos pararíamos a asimilar el placer de lo que acabásemos de conseguir. Disfrutaríamos de nuestra experiencia sensorial. Sentiríamos orgullo de lo conseguido. Al cabo de un rato, buscaríamos el siguiente objetivo y, después de marcárnoslo, empezaríamos a perseguirlo. En ese momento, el gozo del aquí y el ahora daría lugar poco a poco a una nueva marea de motivación dopaminérgica y placentera anticipación.

Para encontrar un equilibrio entre el sistema dopaminérgico y los neurotransmisores del aquí y el ahora, hay que comparar lo que tenemos con lo que queremos. Debemos acarar el placer de lo real con la posibilidad de lo que podría ser; o, como he señalado antes, crear un equilibrio viable entre el deseo y el deleite. En una vida plena y gratificante, apreciamos ambas cosas. Ejerciendo el control sobre el impulso dopaminérgico, encontramos una forma de vida que nos satisface.

Este acto de equilibrio determina nada más y nada menos que nuestra capacidad para encontrar la paz y sentirnos realizados. Debemos tener cuidado con los riesgos y recompensas de nuestra atracción por el futuro. Al mismo tiempo, debemos tomar una decisión consciente y decidida por valorar el presente, en especial, cuando acabamos de cumplir un objetivo. No es fácil. La dopamina no solo convierte la anticipación y la planificación en una experiencia embriagadora, sino que nos hace sobrevalorar lo gratificante que puede ser un éxito. Piensa en cómo te sentiste cuando empezaste tu primer trabajo. Sudaste tinta para conseguirlo. Creías que iba a ser el secreto de la felicidad. Pero al cabo de unos meses, tal vez te planteaste si había algo mejor por ahí. Seguramente el trabajo no estaba mal, pero ese «no está mal» es el enemigo del impulso dopaminérgico.

No estamos hechos para contentarnos. Estamos hechos para querer más.

A continuación, vamos a averiguar cómo podemos controlar esta molécula rebelde para vivir mejor.

PARTE II

EL CONTROL DE LA DOPAMINA

Para empezar

¿AL ALZA O A LA BAJA?

La parte II es un manual para elevar y reducir los niveles generales de dopamina. Si tienes la sensación de que tus niveles son peligrosamente bajos o altos, este apartado te aportará técnicas específicas para ayudarte a cambiarlo. Si crees que tus niveles son normales, pero te gustaría elevarlos o reducirlos para intentar sentirte o rendir un poco mejor, también hablaremos de ello. (En la parte III daré consejos detallados para problemas específicos con la dopamina.) También voy a comentar algunos tratamientos que se están desarrollando para intentar influir sobre la dopamina. Por último, voy a facilitar una guía de los métodos terapéuticos para tratar problemas relacionados con la dopamina.

¿Qué conlleva tener niveles bajos de dopamina? En general, los niveles bajos de dopamina cristalizan en un desinterés por las cosas nuevas o habitualmente llamativas, y en un interés menor por aquellas actividades y respuestas que antes resultaban mucho más interesantes. Las personas con poca dopamina suelen quejarse de falta de motivación, poca capacidad de concentración, depresión o tristeza, sopor o confusión y una menor libido. Un síntoma común de la depresión es la incapacidad para sentir placer, y eso se asocia con una señalización dopaminérgica reducida.

¿Qué conlleva tener niveles elevados de dopamina? Unos niveles de dopamina elevados se plasman en un menor control de los impulsos, un exceso de energía y, a veces, de agresividad. Los síntomas varían según la persona, pero hay gente que muestra fuga de ideas y una tendencia peligrosa a asumir riesgos.* En el caso de algunas enfermedades mentales graves, hay gente que sufre alucinaciones, delirios, manías e incluso psicosis.

Si estás experimentando varias sensaciones o conductas como las que acabo de describir, las técnicas de esta parte del libro son un buen lugar para empezar a trabajar. (Si estás sufriendo mucho, crees que necesitas ayuda profesional o simplemente te sientes más cómodo trabajando con alguien, llama a un psiquiatra o psicólogo.) Podemos mejorar no solo cambiando los niveles y la actividad de la dopamina, sino también cuidando de nuestro estado mental gracias a estas prácticas. Cualquier cosa sirve, porque el resultado es que te sientes mejor.

* La dopamina elevada se suele vincular a la ansiedad, pero en realidad esta puede ser causada tanto por un exceso como por una falta de dopamina, dependiendo del lugar del cerebro donde se desarrolle la actividad. Por ejemplo, una dopamina elevada en las vías de control cognitivo y función ejecutiva se asocia a un aumento de la ansiedad, mientras que una carencia de dopamina puede provocar ansiedad si se produce en los circuitos de recompensa. Además, la dopamina no es el único factor de la ansiedad. Hay otras cosas que influyen, como la genética, la influencia del entorno, las vivencias y la interacción de la dopamina con otros neurotransmisores como el GABA (ácido γ-aminobutírico) y el glutamato. *(N. del a.)*

2

CÓMO POTENCIAR LA DOPAMINA

¿Podemos exigirle más de la cuenta al cerebro?

Si queremos más dopamina, ¿la podemos conseguir? ¿Hay alguna pastilla? ¿Hay algún procedimiento?

Para muchos, un cerebro sano no basta. No es de extrañar, porque la dopamina nos hace desear más de todo, incluida la propia dopamina. Nos atrae la idea de darle caña al cerebro para lograr un rendimiento extraordinario. Al fin y al cabo, el escitalopram eleva el ánimo de la gente con depresión. ¿Puede hacer lo mismo para los que no estamos deprimidos? La anfetamina mejora la función cognitiva de las personas con TDAH. Al resto, ¿también puede ayudarnos? En general, no. Podemos «girar la ruedecita» para pasar de un estado anómalo a la normalidad, pero a partir de ahí no podemos hacer mucho más, a menos que lo hagamos durante mucho tiempo y, aun así, tendremos problemas. Las intervenciones «normalizadoras» no suelen servir para gran cosa aparte de eso.

Si un microprocesador tiene un reloj deficiente, irá más lento o dejará de funcionar del todo. Si lo arreglamos, su rendimiento mejorará sustancialmente y volverá a la normalidad. Pero con un chip que no funciona bien, no podemos hacer gran cosa para exprimirlo y conseguir que rinda. Hay personas que exigen mucho a sus microprocesadores para lograr un poco más de velocidad, pero la diferencia es mínima y se arriesgan a freír el chip. El cerebro no es tan distinto. Los que intentan exigirle más de la cuenta con compuestos psicotrópicos pensados para otros fines suelen pagar un alto precio en forma de adicción, depresión, ansiedad u otros trastornos mentales.

Aun así, la idea de tomar las riendas del cerebro y volvernos más listos o productivos «de lo normal» es tan tentadora que mucha gente ignora los riesgos y lo prueba de todos modos. Los fiascos y sucesos trágicos abundan y están bien documentados. Los finales felices son escasos y muy esporádicos y, normalmente, los resultados «positivos» son discutibles, como sucede con el uso de compuestos nootrópicos* y los comple-

* *Nootrópico* viene del griego antiguo *noos* ('mente') y *trope* ('giro' o 'dirección'). La palabra alude a compuestos que realzan el aprendizaje y la memoria y generan resistencia a la alteración de las conductas aprendidas, sin provocar somnolencia ni placer narcótico. Seguramente nunca habrás oído este término porque es bastante nuevo. No apareció hasta 1972, en la investigación médica de un químico rumano llamado Corneliu E. Giurgea, que gracias a Dios también ofreció esta definición en su publicación. *(N. del a.)*

mentos dietéticos. Algunas personas dicen que han mejorado, aunque también podría ser fruto del efecto placebo. Buena parte de la investigación sobre esas sustancias todavía tiene que esclarecer una relación incuestionable entre causa y efecto.

Como describimos en el siguiente apartado, el cuerpo lucha a brazo partido contra la adición a la dopamina del cerebro. Ya contamos con tratamientos que aumentan la actividad dopaminérgica dentro del cerebro, pero solo en determinadas condiciones y en algunos sistemas. Esos compuestos suelen ser agonistas, así que mejoran la función incrementando la actividad de los receptores dopaminérgicos. En todo caso, el techo parece ser bajo.

¿Por qué no me pueden inyectar una dosis de dopamina?

En general, cuando vamos justos de alguna sustancia química en el cerebro, la extraemos de una fuente humana o animal o la sintetizamos en el laboratorio y, luego, la tomamos en forma de dosis o pastilla. Cuando los diabéticos necesitan insulina, se la inyectan. Cuando hay que fortalecer los huesos, tomamos vitamina D. ¿Por qué no podemos hacer lo mismo con la dopamina?

El cerebro vive tras un elaborado filtro llamado BHE (barrera hematoencefálica). La BHE no es una estructura como puede ser el corazón o los riñones. Es enorme y está formada por células especiales situadas a lo largo de los capilares de todo el cerebro. Un adulto tiene unos dos metros cuadrados de piel, pero el área que cubre la BHE es ocho veces superior.[1] El objetivo de la BHE es rechazar moléculas con cualidades concretas a fin de proteger el cerebro y el sistema nervioso central de las sustancias tóxicas en la sangre. Es aquí donde la dopamina entra en acción o, mejor dicho, no entra en acción.

En primer lugar, la dopamina es una molécula polar, lo que significa que posee carga positiva y negativa. La BHE bloquea las moléculas muy polarizadas. En segundo lugar, la dopamina es grande, por lo que tiene un peso molecular relativamente alto.* Y la BHE también bloquea las moléculas grandes. Por eso no podemos introducir directamente la dopamina en el cerebro. Resumiendo, de momento no hay ninguna otra vía de acceso útil.** Esto también indica otra cosa. Como no hay forma de introducir la dopamina por la BHE, toda la dopamina que usemos en el cerebro se tendrá que fabricar allí. Aunque inyectáramos este neurotransmisor todos los días, no arreglaríamos el problema. La dopamina circularía por el torrente sanguíneo y nunca llegaría a donde se la necesita.***

* Estas moléculas acostumbran a ser biológicas, es decir, provienen de organismos vivos. Esa podría ser una de las claves por las que la BHE las bloquea. Tal vez sea peligroso intercambiar moléculas entre órganos vivos que no entendemos del todo. La BHE no deja de ser fruto de la evolución, así que la barrera fue adquiriendo esta cualidad para responder a algo que quizás no hayamos visto en la medicina moderna. *(N. del a.)*

** Podemos sortear la BHE a través de la columna vertebral, pero es arriesgado y exige un entorno muy controlado. Además, la dopamina actúa y pierde su efecto demasiado rápido para que el método sea útil durante mucho tiempo. *(N. del a.)*

*** Por otra parte, encontramos dopamina en el torrente sanguí-

Cuando hablamos de aumentar los niveles de dopamina, normalmente nos referimos a incrementar su actividad haciendo que los receptores cerebrales se aferren más de lo habitual a la molécula. En medicina, lo logramos con compuestos conocidos como inhibidores de la recaptación de dopamina (IRD). Puede que el término os suene porque se asemeja al de los inhibidores selectivos de la recaptación de serotonina (ISRS), el tipo de antidepresivo y ansiolítico más usado. Los ISRS hacen que la serotonina permanezca más tiempo en su receptor: después de la sinapsis de la molécula, los ISRS impiden que esta sea reabsorbida tan deprisa. El objetivo es reducir los sentimientos de depresión y ansiedad y mejorar el estado de ánimo. Del mismo modo, los IRD hacen que las moléculas de dopamina permanezcan más tiempo en sus receptores, con lo que se alarga su efecto.

Por ahora, el mejor sistema para conseguir que el cerebro cree más dopamina es suministrar más levodopa (o L-DOPA), el precursor químico de la dopamina que prescribimos en forma de pastilla o de parche transdérmico. Este compuesto sigue provocando considerables efectos secundarios y actúa de rebote, pero aun así funciona y ayuda muchísimo a la gente. La L-DOPA consigue algo que la dopamina no puede hacer: cruzar la BHE y entrar en el cerebro en sí. Una vez en el sistema nervioso, otros procesos químicos la convierten en dopamina, aunque esa dopamina tiene que ver con los re-

neo, pero la función que desempeña allí no parece guardar relación con el comportamiento. Es un mensajero con acción paracrina, así que su trabajo es mandar una señal para provocar cambios en las células de su alrededor. *(N. del a.)*

ceptores del movimiento. De ahí que la L-DOPA sea el tratamiento estrella para el párkinson. Sería útil disponer de una molécula parecida a la L-DOPA que pudiera activarse en los circuitos dopaminérgicos del control y del deseo, pero de momento no la hemos encontrado.

Bupropión, anfetamina, placebo y mentiras

Vamos a valorar las posibilidades de elevar dopamina vía algunas prescripciones más habituales.

Uno de los antidepresivos estrella es el bupropión, que se ha ganado un hueco especial en el corazón de los psiquiatras porque trata la depresión con la misma eficacia que otros antidepresivos, pero sin causar uno de sus efectos secundarios más comunes: la disfunción sexual. Al contrario de esos fármacos, el bupropión no cura la ansiedad ni aumenta la resistencia al estrés, pero sí aporta otras ventajas. Por ejemplo, activa al paciente y le permite disfrutar más de los goces terrenales, incluido el sexo. Puede elevar el interés, la motivación y la capacidad de sentir placer. Y no es adictivo. El bupropión también incrementa la dopamina, pero solo lo consigue en pacientes con un rendimiento por debajo del normal. Para los que tienen la suerte de no padecer depresión, el bupropión no aumenta la motivación, ni el interés ni la respuesta hedónica a las experiencias placenteras.

También tenemos la anfetamina, un estimulante comercializado con el nombre Adderall. Este fármaco modifica la conducta de los circuitos dopaminérgicos del deseo y del control. Si tienes trastorno por déficit de atención e hiperactividad (TDAH), estos circuitos funcionan de manera anormal y la anfetamina puede ser muy útil. Modificar el circuito del deseo ayuda a reducir la impulsividad. Para el circuito del control, el efecto es una mejora de la concentración y de la función ejecutiva (organización, planificación y establecimiento de prioridades). Además de estos efectos deseados, la anfetamina también provoca euforia y un aumento de la energía y la motivación.

Ahora bien, si no te han diagnosticado un trastorno por déficit de atención y tomas este medicamento para conseguir esos efectos, es probable que la cosa termine como el rosario de la aurora. Enseguida entenderás que la euforia y la energía mental no conocen límites, y que no hay freno natural para esa avidez. Todos sabemos lo que suele pasar cuando podemos atiborrarnos sin límite de algo que queremos. Por suerte, la mayoría de los placeres vienen acotados de serie. El sexo, por ejemplo, es una forma de gratificación natural con limitaciones naturales, al igual que encontrar a alguien que te elija como pareja. Pero esas restricciones no existen en el caso de los estimulantes de laboratorio, en especial, con aquellos que nos hacen sentir en la gloria. El chute de energía, motivación y euforia son pasajeros. El cerebro adapta su tolerancia y, al cabo de unos días o semanas, los efectos desaparecen, así que aumentamos la dosis. El resultado más probable es que tomemos más y más de esa droga hasta caer en la sobredosis.

Y con los estimulantes que elevan el ánimo, otro problema es que te puedes llegar a sentir muy diferente de como te ven los demás. Un paciente dijo sentirse «muy amable, lúcido y perspicaz», mientras que su familia lo describía como «arrogante, sarcástico y condescendiente».[2] Si le exiges demasiado al sistema dopaminérgico, puedes destruir tu habilidad natural para socializar.

Aquí, no obstante, encontramos lo que hace de la anfetamina una maravilla y una necesidad para la gente con deficiencia de dopamina. Entre los que padecen TDAH, y solo entre este grupo de personas, el cerebro hace una excepción peculiar y fantástica: no genera tolerancia al fármaco ni desensibiliza el sistema (al menos, para sus efectos deseables). Cuando el especialista encuentra la dosis adecuada, no es necesario seguir aumentándola. El paciente la puede tomar a largo plazo para poder disfrutar de un grado normal de concentración y función ejecutiva. No está claro por qué esto sucede, pero sucede. La anfetamina es de lo más útil si la necesitas, y terriblemente peligrosa si no la necesitas, porque puede descarriar a un cerebro sano y llevarle a situaciones potencialmente comprometidas o incluso mortales: el síndrome maníaco, la psicosis y la muerte.

Pero nada de eso ha dañado la popularidad de la anfetamina como estimulante cerebral ocasional. Según un estudio, más o menos uno de cada doce alumnos afirman tomar esta clase de medicamentos para usos no médicos.[3] ¿Qué usos podrían ser? Os doy una pista: el consumo llega a su clímax durante los exámenes finales. Un grupo de científicos analizó las aguas residuales de un campus durante la semana de exámenes finales y comparó los datos con las mediciones de la primera semana de clases. La conclusión fue que los niveles de anfetamina subían un

760 por ciento durante los exámenes.[4]* Pero los alumnos no sacan la ventaja que creen sacar. Los investigadores realizaron una serie de pruebas neurocognitivas a un grupo de alumnos voluntarios; ocho horas por asignatura, dos veces por persona. Una vez se administraba anfetamina y la otra, cápsulas con un polvo inerte. Los resultados fueron los mismos en ambas condiciones.[5]

Salvo que padezcas TDAH, no te volverás «más listo» por tomar este fármaco. Otros estudios han corroborado estos resultados. Sin embargo, una macroencuesta realizada en 2021 descubrió que hasta un 34 por ciento de los universitarios usaban medicación estimulante para intentar mejorar su rendimiento académico.[6]

Entonces, ¿por qué los alumnos siguen confiando? Porque lo que importa es el resultado. Claro que ellos perciben una mejora del rendimiento, pero no por los motivos que creen.

Qué poder tienen las mentiras... Si le das a alguien placebo y le dices que es estimulante, rendirá mejor que si le das un estimulante y le dices que es placebo. En otras palabras, pensar que tienes una ventaja surte más efecto que ingerir una sustancia. El término científico para este fenómeno es el efecto placebo «robusto» y significa literalmente lo que sugiere la palabra *robusto*: un efecto intenso, vigoroso y mejor del esperado. Todavía se desconoce el método de acción por el que esto sucede. Solo se sabe que sucede. Esta pequeña insuflación de energía puede ayudarte durante los exámenes, pero no

* En las aguas residuales hay orina, y la anfetamina se puede detectar en la orina. *(N. del a.)*

existe un paralelismo entre esa idea y el ser realmente «más listo». Lo único que sabemos a ciencia cierta es que pensar que estás tomando un estimulante es igual de efectivo que tomártelo de verdad. Y también es más seguro.

De momento, por más que hemos buscado, no hemos encontrado un fármaco que eleve los niveles normales de dopamina.

ABRE LA BOCA

A continuación, vamos a mirar más allá de los fármacos aprobados por las autoridades para fijarnos en los complementos sin receta. Pero primero, algo de contexto histórico.

Durante casi dos siglos, pudimos entrar en cualquier farmacia de Estados Unidos y comprar el medicamento que quisiéramos. En 1938, el Gobierno Federal restringió esa libertad en aras de la protección del consumidor y para ello elaboró un catálogo de compuestos para los que hacía falta receta médica. (Luego esa lista se amplió y los medicamentos se clasificaron en cinco «categorías». El catálogo se ha seguido ampliando hasta englobar unos cuatrocientos fármacos, y cada año se añaden más.) Este sistema prioriza la minimización del riesgo a expensas de la libertad de los consumidores y la velocidad de comercialización. La seguridad pública aumenta. Pero para los que sufren síntomas o enfermedades raras, genera un problema que puede llegar a ser mortal. Si ellos quieren probar un fármaco que todavía no se ha probado siguiendo los estándares médicos actuales, no pueden hacerlo. Afortunadamente, tras medio siglo aplicando esta política y con tantos tratamientos nuevos en ensayos clínicos, Washington estipuló algunas excepciones.

En 1994 se aprobó la *Dietary Supplement Health and Education Act*, que permitía a los fabricantes comercializar vitaminas, hierbas, extractos vegetales y aceites sin los estrictos controles que deben pasar las sustancias farmacéuticas. Puede que sirvan y puede que no. Tal vez el resultado dependa de la persona o de las características de la dolencia. Pero, sea como sea, la gente pudo volver a sopesar libremente el equilibrio entre riesgo y recompensa. Eso es positivo. Sin embargo, también abrió la puerta de par en par a afirmaciones dudosas y falsas esperanzas.

Hay muchos suplementos nutricionales que aseguran potenciar la dopamina. Algunas marcas (NeuroSpark, Dopamine Brain Food o DopaRush Cocktail) prometen beneficios como una energía renovada, un mejor estado de ánimo, más concentración e incluso mejor memoria. Ahora bien, ¿funcionan esos presuntos «suplementos» de dopamina?

Es imposible elevar el nivel de esta molécula solo con consumirla porque, como ya hemos dicho, la dopamina no es capaz de cruzar la barrera hematoencefálica. Pero el ingrediente más habitual de esos suplementos, la L-tirosina, sí es capaz. La L-tirosina es un precursor de la L-DOPA, que a su vez es precursor de la dopamina. A menudo se sostiene que tomar más L-tirosina aumenta los niveles de dopamina en el cerebro.

Pero ¿es verdad? Rotundamente no. Es como decir que, si ingiero calcio, me crecerán más los dientes.

Que la materia prima esté presente no garantiza que el cuerpo vaya a usarla tal y como tú esperas. Tal vez ni siquiera la use. La cantidad sobrante podría incluso fastidiar otros sistemas que estaban funcionando perfectamente antes de que empezaras a marear la perdiz. El cerebro crea y regula la dopamina con muchos procesos complejos. Todavía no hemos corroborado que podamos acelerar esos procesos solo con añadir más materia prima a la mezcla. Intenta hacer un pastel más grande añadiendo un saco entero de harina...

En cuanto a los suplementos, las tiendas están repletas de promesas infundadas sobre niveles de dopamina y remedios mágicos para su deficiencia. En 2009, los Institutos Nacionales de Salud patrocinaron un gran estudio para comprobar si el extracto de *ginkgo* mejoraba la salud cognitiva de las personas mayores.[7] No fue así. Los investigadores estudiaron a más de tres mil voluntarios durante una media de seis años. El *ginkgo* no era más eficaz que el placebo. En el mercado hay otros suplementos para aumentar los niveles de dopamina y parece que estos sí surten algo de efecto sobre el rendimiento mental, pero no porque liberen dopamina. Parece que la L-teanina, que encontramos en el té, nos ayuda a estar más alerta y relaja nuestra mente, pero su influencia sobre la dopamina es cuando menos cuestionable. La teanina* ejerce sus efectos modulando la actividad de varios

* Los términos *teanina* y *L-teanina* se usan de manera indistinta. La ele hace referencia a la forma biológicamente activa, una estructura quí-

neurotransmisores y receptores, actuando de maneras complejas que aún no entendemos del todo.[8] Muchas compañías presumen de que sus productos son «ricos en dopamina», pero se basan en la ilusión de que lo sean y en estudios no concluyentes.

En defensa de los suplementos, cabe decir que suelen ser productos bastante seguros y la mayoría de la gente los consume como suplementos, no como remedios. Un 79 por ciento de los adultos norteamericanos afirman tomar al menos un suplemento nutricional.[9] El gasto total en suplementos supera los 30.000 millones de dólares al año. Y aunque esos productos no surtan en el cuerpo los efectos anunciados, pueden ser útiles igualmente. ¿Os acordáis del efecto placebo? En general, la gente que toma suplementos ya vive una vida bastante sana. Si esos suplementos los animan y no causan problemas, no hay nada malo en ello. Las personas que dicen consumir suplementos nutricionales también disfrutan de un excelente estado de salud, beben alcohol con moderación, no fuman y hacen ejercicio regularmente.[10] Son personas concienciadas sobre la importancia de la salud e intentan desarrollar al máximo sus capacidades físicas y mentales.

No tiene nada de malo experimentar para averiguar los efectos de los presuntos suplementos de dopamina, pero es improbable que estos liberen una gran cantidad de dopamina o que mejoren drásticamente nuestra concentración, nuestra motivación o nuestra energía. No

---

mica que tiende a interactuar con los organismos vivos. Para los apasionados de la química, las dos moléculas son isómeros, así que tienen el mismo número y tipo de átomos, pero una distinta estructura molecular. *(N. del a.)*

hay recambio para un compuesto probado en rigurosos ensayos con humanos, ni existe un sustituto válido para los medicamentos de eficacia probada. A la hora de potenciar nuestra salud neuronal, lo primero es el sentido común: si suena demasiado bueno para ser real, casi seguro que es falso.

Un runrún prometedor del estómago

Por último, vamos a hablar de una de las áreas de investigación más nuevas de este campo. ¿Qué beneficios tiene manipular uno de nuestros sistemas internos más misteriosos: la «microbiota intestinal»?

Tu cuerpo es como una bulliciosa metrópolis y sus ajetreados ciudadanos son los microbios: bacterias, virus y hongos. En la piel y los intestinos residen billones de ellos. Algunos son dañinos y causan enfermedades. Otros son útiles, por no decir esenciales, si queremos gozar de una buena función fisiológica, y hacen auténticas maravillas. Los microorganismos del estómago, los intestinos y el colon conforman la «microbiota» o «flora» intestinal, un ecosistema natural de microbios que ayudan a descomponer la comida, digerirla y mucho más. Participan en la producción de vitaminas esenciales como la K, útil para la coagulación de la sangre y la salud ósea, y algunas del grupo B, claves para la mecánica del metabolismo y que se tienen que rellenar con regularidad, dado que el cuerpo no puede almacenarlas. Estos microorganismos también favorecen el sistema inmunitario, de modo que protegen el cuerpo de patógenos menos bienintencionados. Pero lo más interesante y bueno que hacen por nosotros es producir compuestos que influyen en el funcionamiento del cerebro.

A la mayoría, os sorprenderá saber que el intestino y el cerebro se comunican, y no solo para avisarse de lo que nos apetece para cenar. Algunas de esas señales viajan a través de una red de neuronas. Otras siguen un camino menos esperado: se transmiten vía sustancias químicas psicoactivas que circulan entre el intestino y el cerebro a través de la sangre.

Investigadores, farmacéuticos y profesionales de la salud están estudiando cada vez más si podemos tratar las enfermedades mentales manipulando la microbiota. Los primeros resultados son alentadores. En un estudio con voluntarios aquejados de depresión clínica, los científicos los trataron con un suplemento que contenía tres cepas probióticas:[11] *Lactobacillus acidophilus*, normalmente presente en el yogur; *Lactobacillus casei*, que se usa para producir queso; y *Bifidobacterium bifidum*, una bacteria del intestino humano clave para la vida. Los investigadores no introdujeron ningún fármaco directamente psicoactivo. El experimento consistía en tratar solo con suplementos de bacterias. El resultado fue que los voluntarios que habían tomado el probiótico mostraban una depresión más leve. También se han detectado hallazgos parecidos para la ansiedad. Igual que con la depresión, la ansiedad guarda relación con la función dopaminérgica, y parece que estas bacterias alivian parcialmente ambos trastornos.

Esto apunta a una posibilidad interesante: ¿estas bacterias podrían incorporarse a nuevos tratamientos para personas que no responden a la medicación? Y, volviendo a lo que nos interesa, ¿hay cepas probióticas que liberen más dopamina en una persona que, por lo demás, está sana?

Científicos de la Escuela de Medicina Perelman de la Universidad de Pensilvania lo abordaron directamente. Analizaron la rutina de ejercicios de diferentes ratones y detectaron que algunos dedicaban bastante más tiempo a correr en la rueda. Primero secuenciaron los genomas de los animales y estudiaron varios metabolitos* en su torrente sanguíneo, pero ninguna de las dos mediciones explicó la diferencia.[12] Hasta que no se centraron en la microbiota, no empezaron a surgir respuestas. Para confirmar que la microbiota estaba motivando la actividad física, trataron algunos de los ratones más deportistas con antibióticos a fin de acabar con su flora intestinal. Los resultados fueron pasmosos: el tiempo invertido ejercitándose en la rueda caía un 50 por ciento.

Luego criaron ratones esterilizados, es decir, ratones nacidos sin microorganismos en el intestino. Esos animales mostraron escaso interés por el ejercicio hasta que los investigadores transfirieron muestras de microbiota de ratones hiperactivos a los esterilizados. Nada más hacerlo, los ratones perezosos mejoraron hasta ponerse casi al mismo nivel que los ratones donantes. Usando antibióticos que eliminaban únicamente cepas probióticas específicas, los investigadores descubrieron que dos de

* Esta frase contiene dos términos muy habituales que mucha gente que no trabaja en un laboratorio no sabe usar. Así pues, vamos a aclarar las cosas. Un genoma es el modelo o ADN de un ser vivo, e incluye los «planes» biológicos para el crecimiento y el desarrollo. Un metabolito es el fruto de procesos químicos en el cuerpo. *(N. del a.)*

ellas eran responsables del aumento de la actividad física: *Eubacterium rectale* y *Coprococcus eutactus*. Las bacterias producían metabolitos especiales llamados «aminas de ácidos grasos» que incrementaban el nivel de dopamina durante el ejercicio, lo cual aumentaba la motivación (al menos, para hacer ejercicio y, en todo caso, entre los ratones). ¡He aquí una inyección de dopamina para los que tampoco tienen ningún problema!

Todavía no sabemos en qué nos beneficiaría esto a los demás, pero vamos a valorar algunas cosas que podríamos probar ya mismo. Si la microbiota aumenta la motivación dopaminérgica, podemos mejorarla de inmediato. La dieta occidental empobrece la microbiota. Una buena forma de empezar a remediarlo es añadiendo fibra y alimentos fermentados a la dieta. Los suplementos probióticos también aportan ciertos beneficios. Aunque no incluyan específicamente *E. rectale* y *C. eutactus*, ayudan de todos modos: el probiótico común *Lactobacillus casei* eleva los niveles de otras cepas beneficiosas como *E. rectale* y *C. eutactus*.[13] También frena el crecimiento de bacterias perjudiciales. Otras cepas bacterianas podrían tener beneficios todavía desconocidos. Los prebióticos suelen ser fibras solubles que sirven como fertilizante intestinal y también favorecen el crecimiento de *E. rectale* y *C. eutactus*. Si estás buscando motivación para hacer más ejercicio, un par de cucharaditas de semillas de chía enteras o molidas son un buen aditivo a tu dieta, porque la fibra prebiótica afecta al crecimiento de algunos grupos bacterianos que nos interesan.[14]

La búsqueda no cesa

Nos propusimos encontrar formas para que la gente sana liberara más dopamina y nos hemos ido de vacío, pero el ejercicio ha sido útil de todas maneras. En este nuevo mundo de posibilidades médicas, es bueno saber qué podemos conseguir y qué no, así como los motivos. Sabiendo todo esto, es más difícil caer en la trampa de las campañas publicitarias que presentan la ilusión como un hecho, lo cual, irónicamente, es lo mismo que hace la dopamina del deseo.

También hemos concluido con una pequeña dosis de optimismo, hablando de los campos en los que podría haber un progreso: algún día, la flora intestinal podría darnos la clave para aumentar la motivación. No es el chute de dopamina que buscábamos, pero si da lugar a un tratamiento que potencie la actividad física, el impacto será un salvavidas para algunos y un elixir para todos. Un mínimo de ejercicio regular reduce el riesgo de padecer enfermedades cardíacas, hipertensión, ictus, diabetes y muchas otras dolencias mortales. En cuanto al cerebro, el ejercicio mejora directamente la función cognitiva y el estado de ánimo. Puesto que más del 75 por ciento de los norteamericanos no hacen suficiente ejercicio, en parte debido a la falta de ganas, un tratamiento sobre la microbiota que diera esa motivación podría generar miles de millones en nuevos negocios. También ahorraría miles de millones en costes sanitarios y alargaría y llenaría la vida de mucha gente, y todo eso, solo con restaurar un poco la motivación para hacer una actividad la mar de normal (aunque últimamente no lo sea tanto). El largo brazo de la dopamina surte efectos en todos los ámbitos de la vida.

Sería genial encontrar un fármaco —o un alimento, suplemento dietético, segmento alterado del ADN, bacteria, virus u hongo— que pudiéramos ingerir como una aspirina para elevar nuestros niveles de dopamina y sus beneficios más allá de su grado normal, pero por ahora esa panacea no existe. Cuando intentamos excedernos de la función estándar, las consecuencias pueden ser la depresión, la adicción y la ansiedad. A menudo el efecto es inane. Algunos fármacos corrigen el funcionamiento de un sistema dopaminérgico deficiente, pero normalmente esos compuestos hacen que la dopamina ya presente en un cerebro sano sea más accesible. No aumentan la cantidad de dopamina.

Si algún día logramos aumentar los niveles de dopamina en el cerebro, es posible que la solución pase por alterar la microbiota intestinal. Ahora bien, la ciencia consiste en seguir caminos nuevos, así que es imposible saber dónde se producirá el primer avance. Pero, al margen de cómo se haga realidad, seguro que sucede porque la dopamina no deja de ser la fuente de nuestra motivación en ello, como lo es en todo lo que hacemos.

3

EL AYUNO DE DOPAMINA

Para empezar, no es un ayuno

¿Quieres hacer un ayuno de dopamina? Felicidades, ya lo estás haciendo.

Recuerda que es imposible adquirir dopamina ingiriéndola. Toda la que tienes se fabrica dentro del cerebro. Aunque te tomaras una jarra de dopamina, tu cuerpo impediría a todas y cada una de las moléculas llegar a las estructuras donde pudieran influir en tu estado de ánimo y tu actitud. Esa fábrica de dopamina interna va a la suya y adiós, muy buenas. No necesita tu atención ni tu consentimiento para desempeñar sus funciones.

Además, aunque a veces te sientas abrumado por los efectos de la dopamina, no es positivo eliminarla por completo. Tampoco es posible. Tu cuerpo no funcionaría. Cuando una infección se apodera de tu sistema circulatorio, ¿verdad que no se te ocurre deshacerte de la sangre durante un tiempo?

«No me refiero a eso —dirás—. Quiero eliminar durante un tiempo las experiencias que liberan más dopamina.» Vale, pero casi todo es una experiencia dopaminérgica en mayor o menor medida. A menos que te golpees la cabeza hasta perder la consciencia, no puedes librarte de la dopamina ni por un segundo.

Lo que sí puedes hacer es reducir o eliminar algunos tipos de estímulos dopaminérgicos evidentemente problemáticos. En eso consiste el ayuno de dopamina: en disminuir la actividad dopaminérgica de algunas transacciones mentales. Esta medida permite restaurar tu tolerancia y tus expectativas a su grado normal y te ayuda a disfrutar de una vida más gratificante. Te gustaría vivir menos espitado, tener más control y aliviar un poco el gusanillo de tus motivaciones, alicientes e incluso compulsiones, que a veces te resultan extenuantes e irresistibles. Al recortar drásticamente los estímulos durante un tiempo, le damos al cerebro la oportunidad de restañar los daños provocados por el uso intensivo, con lo que recuperamos la sensibilidad del sistema dopaminérgico para que responda a estímulos más sutiles. Y si empleamos ese tiempo en adquirir nuevos hábitos y un conocimiento básico para poder tomar mejores decisiones, conseguiremos que esa desensibilización sea menos propensa a reaparecer.

Poner el contador a cero

El término «ayuno de dopamina» fue acuñado por Cameron Sepah, catedrático de Psicología en la Universidad de California en San Francisco.[1] Es una estrategia pensada para aprovechar los «mecanismos homeostáticos que el cerebro usa para ajustarse a los cambios en el hábitat». En esa frase hay mucha jerga complicada que es importante entender, así que vamos por partes.

La palabra *homeostasis* posee raíces griegas que significan 'seguir igual', lo cual es una gran prioridad para el cuerpo. Por eso, la evolución humana ha creado tantos mecanismos para procurar que los sistemas y órganos operen dentro de unos parámetros óptimos. Si tu temperatura corporal sube demasiado, tu cuerpo suda para refrescarte. Si baja demasiado, tiemblas para calentarte. El ojo mantiene la intensidad óptima de luz que pasa por la retina contrayendo el iris en espacios muy iluminados y dilatándolo en la oscuridad. A estas tendencias fisiológicas y corporales nos referimos cuando hablamos de los mecanismos homeostáticos típicos. Los problemas aparecen en su uso intensivo.

Por ejemplo, muchos alimentos básicos añaden azúcares en su proceso de producción: el pan, las salsas, el aderezo, la sopa en lata o incluso la ensaladilla. Aun así, esos alimentos no nos parecen dulces. Los mecanismos homeostáticos asociados al gusto han elevado nuestra tolerancia al sabor azucarado. He aquí otro ejemplo de la desensibilización, el mismo proceso que ocurre en los circuitos dopaminérgicos y muchos otros sistemas biológicos. En una dieta norteamericana normal, el alimento tiene que ser muy dulce para que lo notes. Pero, si evitas el azúcar durante un mes, ese fenómeno se invierte y te vuelves especialmente sensible a aquello que te has abstenido de consumir. Si reiniciáramos nuestra adaptación homeostática de esta forma, una rebanada de pan empezaría a sabernos a pastel, y muchos otros alimentos procesados nos parecerían tan dulces que los encontraríamos incomestibles.

Podemos sufrir desensibilización homeostática con la mayoría de las cosas que nos dan placer, de tal modo que, cuando se repiten esas cosas, se vuelven menos placenteras. Antaño, la langosta era tan común en la costa de Massachusetts que era conocida como «cucaracha de mar». Se consideraba un alimento digno tan solo de las prisiones y explotaciones ganaderas. Los presos no se hartaban de la langosta por su sabor, sino por su consumo excesivo. Hoy, sin embargo, la langosta es un manjar, sobre todo porque la comemos en muy contadas ocasiones. En la película *Náufrago*, Tom Hanks termina en una isla en la que pasa años alimentándose exclusivamente de cangrejo. Cuando es rescatado, se organiza en su honor un gran festín en el que se sirve cangrejo, un alimento muy especial para sus anfitriones. Él, no obstante, como ha perdido por completo la capacidad de disfrutarlo, lo coge y lo inspecciona con aversión.

Y eso nos lleva de nuevo a la desensibilización de dopamina. Si tienes las ventanas abiertas y de repente sopla un viento fuerte en la calle, cerrarás algunas. Si hay menos ventanas abiertas, significa que tiene que soplar más viento para que nosotros notemos sus efectos. Asimismo, cuando experimentamos un gran subidón de dopamina, el cerebro «cierra algunas ventanas», es decir, reduce el número de receptores que pueden atrapar y responder a las moléculas de dopamina. Cuanto más frecuentes son estos picos de estimulación —como sucede con el consumo continuado de ciertas drogas—, mayor es el número de receptores que se cierran indefinidamente o, a veces, incluso para siempre. Y si hay menos receptores disponibles, necesitamos más estimulación dopaminérgica para sentir algo. El aumento de la tolerancia conduce a la desensibilización.

Y viceversa. La disminución de la tolerancia conduce a la restauración y la repoblación de los receptores. Eso sucede cuando la estimulación dopaminérgica se reduce considerablemente durante un largo período. A menos que hayas arrasado irreversiblemente el sistema de tanto usarlo o de usarlo durante tanto tiempo, la sensibilidad de los receptores vuelve a la normalidad junto con nuestra respuesta a los estímulos.

El ayuno de dopamina es este recorte deliberado. No es una abstinencia total. El objetivo no es apagar del todo el sistema dopaminérgico, que, dicho sea de paso, tampoco es posible. La idea es recuperar la sensibilidad del sistema a estímulos más sutiles, lo cual conduce a experiencias de placer más complejas y satisfactorias.

Errores que evitar

En un artículo de 2019 publicado en *The New York Times*,[2] aparece el relato de dos emprendedores que, cada cierto tiempo, reducían al mínimo su actividad durante un día. Su objetivo era acercarse lo máximo posible a la apatía total, que a su juicio aceleraría su recuperación de la sensibilidad dopaminérgica. «Somos adictos a la dopamina —decía uno de ellos—. Y como liberamos tanta cantidad en todo momento, al final siempre queremos más y más, así que las actividades que antes eran placenteras han dejado de serlo. La estimulación constante de la dopamina eleva el umbral del cerebro.»

En los días de ayuno de dopamina, los participantes en el experimento se ceñían a unas reglas muy estrictas: nada de comer, mirar pantallas, escuchar música, hacer ejercicio, tocar el cuerpo de otra persona (ni siquiera un apretón de manos), trabajar, establecer contacto visual o hablar a menos que fuera «absolutamente necesario». Al fotógrafo que les sacó la foto para el artículo, no le permitieron que usara el *flash* porque a los entrevistados les daba miedo que un cambio repentino de luz estimulara su dopamina. Algunas de sus ideas eran buenas, pero la mayoría eran absurdas, o incluso contraproducentes.

No iban mal encaminados al eliminar el trabajo. Cuando trabajamos, solemos pensar en el futuro: invertimos el tiempo y los recursos de hoy para recibir dinero, reconocimiento o poder mañana. Es una actividad alimentada por la dopamina. Evitar las pantallas también era lógico. Gran parte de lo que hacemos con el ordenador y el móvil es planificar y distraernos, así que las pantallas son un estimulante de dopamina y las podemos apagar. En cuanto al resto de su estrategia, reemplazaron las elecciones precisas por la fuerza bruta. Y la dopamina no era lo único que se perdía por el camino.

Al privarse de los estímulos dopaminérgicos, los participantes del experimento también estaban diciendo que no a los placeres del sistema del aquí y el ahora. Y al rechazar la anticipación previa (muchas veces vacía) que genera la dopamina, también estaban rechazando aquello que tiene que ocupar su lugar.

Para empezar, renunciaban a cualquier tipo de interacción social. A veces interactuamos con otros para lograr un objetivo ulterior, pero muchas veces lo hacemos solo para disfrutar de la compañía. Y ese es un gran placer que, en parte, libera el neurotransmisor del aquí y el ahora llamado «oxitocina». Pensemos en algo tan simple como una sonrisa. Con un escáner cerebral y un pulsómetro, investigadores de Hewlett-Packard midieron las propiedades de varios estímulos para elevar el estado de ánimo. Según sus cálculos, una sonrisa era igual de placentera y estimulante que 2.000 barritas de chocolate o 25.000 dólares.[3]* Si sonreímos para ayudar a crear un futuro mejor —entablar una nueva relación, causar una mejor impresión a quien nos hace la entrevista de trabajo o apaciguar a un posible cliente—, entonces la actividad es casi totalmente dopaminérgica. Pero ¿cada cuánto finges una sonrisa? Casi siempre que sonríes, es porque estás feliz. Otro ejemplo es la estimulación para ejercitarse a la que los participantes en el experimento renunciaron. La euforia del corredor es tan intensa que a veces parece una experiencia dopaminérgica, cuando no lo es. Su origen se encuentra en las endorfinas, otro neurotransmisor del aquí y el ahora. Las endorfinas generan una sensación de júbilo y satisfacción, que es diametralmente opuesta al instinto de avidez que despierta la dopamina.

La combinación de tanta abstinencia privó a los participantes del experimento de otro beneficio. La dopa-

* Aunque este estudio causó sensación, nunca fue revisado por pares ni publicado, así que deberíamos proceder con cierto escepticismo. Aun así, el sentido común dice que seguramente sonreír contribuye más a nuestra felicidad de lo que pensamos. *(N. del a.)*

mina y los neurotransmisores del aquí y el ahora se pueden suprimir mutuamente. Si en la cena te dedicas a discutir acaloradamente sobre tus planes para mañana, no te dejas envolver por el sabor, el aroma ni la textura de lo que estás comiendo. En cambio, cuando estás degustando un bocado de espaguetis o el sabor ahumado y endulzado del comino en el plato que tienes delante, tu última prioridad es pensar que mañana debes presentar la autoliquidación del impuesto sobre el valor añadido. Así pues, los placeres del aquí y el ahora ayudan a reducir la actividad dopaminérgica y promueven la resensibilización.

El ayuno de dopamina se debe aderezar con estímulos inmediatos. Eso genera un placer enorme que no provoca deseo. Además del valor intrínseco de disfrutar del momento, así como la importancia de alejarnos de la anticipación previa para centrarnos en los sentidos, la experiencia del aquí y el ahora refuerza algo que debemos recordar para vivir mejor: se puede obtener un gran placer fuera del circuito cerrado de la dopamina. Hay muchas cosas fantásticas y valiosas que resultan satisfactorias en el momento, y con eso basta. Al privarse de una infinidad de placeres en el aquí y el ahora, los participantes del experimento hacían que su «ayuno» fuera más difícil de mantener y no adquirían los hábitos ni las vivencias fundamentales que necesitarían para rebajar permanentemente su atracción a la dopamina.

Por último, los participantes del experimento se equivocaban al intentar modificar su cerebro con un día puntual de intensa y heroica privación. Eso nunca funcionaría. Algunos sistemas corporales cambian enseguída. Cuando está muy oscuro, el iris reacciona de inmediato, pero los sistemas cerebrales como los circuitos dopaminérgicos cambian más despacio. Pensad en lo que tardamos en aprender un nuevo idioma o una nueva destreza. No vamos a conseguirlo por pasar de vez en cuando un día entero practicando. Que lo logremos depende de nuestro compromiso a largo plazo y de la repetición constante. Recuperar la sensibilidad es literalmente reconstruir los receptores dopaminérgicos en el plano celular. Y estos no brotan como setas tras un día de chubascos.

Tu ayuno de dopamina

Para ir bien, tu ayuno de dopamina debería consistir en aplicar cambios graduales a corto plazo a fin de crear hábitos permanentes a la larga. Cuando planees tu ayuno, inspírate en estas reglas básicas.

Afróntalo igual que el deporte. Este proyecto debería ser igual que cuando te propones empezar a ir al gimnasio. Los que empiezan son los que más ganas tienen de ver cambios. Quieren sentirse sanos y verse estupendos, y quieren lograrlo lo antes posible. Al igual que los participantes del experimento que hemos comentado, adoptan la actitud siguiente: si hacer un poquito está bien, entonces hacer mucho debe de ser mejor, y seguro que reventarme hasta la extenuación es lo ideal. Ya sabemos cómo acaba la historia. El primer día se exprimen demasiado, al día siguiente no se pueden ni mover y, después, intentan olvidar su tentativa fallida. Este método jamás funciona. Lo inteligente es empezar con pequeños cambios y pisar poco a poco el acelerador. Eso se aplica tanto a cambiar tu relación con la dopamina como al ejercicio.

Empieza por hacer pequeños gestos y hazlos a diario. Reduce la estimulación de dopamina en momentos predeterminados del día. En lugar de jugar a un videojuego o de ver vídeos en TikTok, lee una novela o habla con alguien. Elige un momento de cada día para evitar comer azúcar, comprar o meterte en Facebook. Cualquier cosa que te distraiga de la llamada de la dopamina es buena; cualquier cosa que la sustituya por actividades del aquí y el ahora es mejor. Lo único importante es procurar hacer lo que has elegido hacer todos los días. La abstinencia ocasional de las actividades dopaminérgicas no provocará cambios cerebrales a largo plazo. Es como el ejercicio. Es mejor salir a pasear a buen ritmo cada día que salir a correr a tope una vez por semana.

En vez de hacer menos, déjalo por completo. Cuando elijas qué cosas hacer y cuáles evitar, recuerda que el método más eficaz es elegir un vicio pequeño y habitual que no signifique gran cosa para ti y eliminarlo por completo, en vez de ir perdiéndolo gradualmente. Si te quedas a medias, tu sed de dopamina nunca se irá y tarde o temprano tu fuerza de voluntad se acabará. Por eso las personas alcohólicas ya nunca pueden volver a beber con moderación. Los vicios dopaminérgicos normales y corrientes de la mayoría de la gente no son tan adictivos como el alcohol, pero la norma es la misma. Las recaídas significan que siempre estarás luchando contra eso.

En cambio, eliminar el vicio por completo suele ser más fácil de lo que la gente piensa. ¿Lo primero que haces cada mañana es mirar el móvil? Pues para. Es posible que te sientas ansioso e incómodo durante un tiempo. Por culpa de la pérdida repentina de estimulación dopaminérgica, es posible que te sientas irascible, como si te faltara algo. Pero si perseveras, esas sensaciones desaparecerán enseguida. Una vez refrendada esa victoria, te sorprenderá lo fácil que es mantener ese nuevo hábito. Al final, esa atracción puede parecerte incluso aberrante. Hay gente que deja el azúcar y que pasa del desinterés a una sensación extraña. Dicen que, al cabo de un tiempo, cuando ven productos con azúcar ya no piensan en esas antiguas delicias como alimentos comestibles. Para ellos, una tarta es casi como una grapadora. Su cerebro les dice que no es ni comida.

Distingue bien entre lo que es necesario y lo que solo lo parece. Nada impide eliminar por completo las drogas y el alcohol de nuestras vidas. Pero no podemos decir lo mismo de algunas actividades dopaminérgicas como las redes sociales, las compras y el sexo. En esos casos, el objetivo es distinguir entre lo que uno necesita para su trabajo y vida personal, y lo que se hace solo por el placer de la anticipación. Debemos ser honestos con nosotros mismos. Al decidir, hay que recordar que estamos haciendo tal cosa para sentirnos mejor con el tiempo. Para lograr ese objetivo dopaminérgico, merece la pena renunciar a algo de dopamina ahora. Iremos mejorando cada día.

No te tortures proponiéndote no sentir nada de nada. Los participantes del experimento hicieron eso.

Es un error. Es imposible no sentir nada. Somos seres humanos. No te condenes de buenas a primeras marcándote una meta que nadie podría alcanzar.

Piensa que normalmente los grandes cambios empiezan por sensaciones desagradables, pero esas sensaciones se van disipando. El cuerpo humano se resiste a los cambios e intenta mantener la homeostasis, así que te hará sentir incomodidad o incluso dolor cuando trates de imponer un cambio. Por ejemplo, si dejas de comer azúcar, durante un tiempo te resultará bastante desagradable. Aparte de hacerte sentir irascible y como si te faltara algo, los antojos provocan depresión, ansiedad, insomnio, falta de concentración, etcétera. Pero no durará siempre. Hay quienes se sienten mejor al cabo de unos días y otros, al cabo de unas semanas. Pero cuando el cuerpo se reajusta, sucede algo extraordinario: la recuperación.

Cuando pasas de una habitación muy luminosa a otra más oscura, durante un rato te cuesta ver bien, pero en unos segundos ya ves perfectamente en la oscuridad. Lo mismo cabe decir de las adaptaciones más lentas.

Infúndete ánimos recordando la recuperación que se está produciendo en el plano celular. Cuando evitas la sobrestimulación de los circuitos de placer del cerebro, estos proliferan y ganan en sensibilidad. Eso hace que tus placeres sean más variados e intensos. De repente disfrutarás más de un puñado de moras de lo que disfrutabas de un dónut glaseado. No solo obtendrás placer de los azúcares naturales de las moras, sino de un sinfín de sabores sutiles. Es como la diferencia entre el destello deslumbrante de una luz estroboscópica de discoteca y los azules y rosados de una puesta de sol.

Las cosas por su nombre. Necesitamos un nuevo nombre. En vez de hablar de ayuno de dopamina, podríamos decir «revitalización de la dopamina». Hay que huir de la censura puritana de toda clase de placer. La idea es rechazar el mazo de la estimulación descarnada para apreciar con matices las sutilezas que enriquecen nuestra vida. Llevamos años necesitando más estímulos para sentirnos bien, y ahora vamos a adaptarnos para necesitar menos. Así, nos transformamos para sentir más. Recuperamos lo que nos faltaba: logramos que sea más fácil obtener placer y ser felices. En consecuencia, sentimos una mayor gratificación y ampliamos el abanico de cosas de las que obtenemos placer.

VOLVAMOS A DISFRUTAR MÁS DE LA VIDA

Los picos inmediatos de dopamina que ofrecen los móviles, las golosinas y otros caprichos rápidos elevan la tolerancia homeostática, así que cada vez experimentamos menos placer pese a recibir más estimulación. Para más inri, ese placer reducido puede aumentar nuestros antojos. El resultado es un desenfreno obsesivo que parece, y es, cada vez más absurdo.

La vida moderna nos empuja a esto. Nuestro día a día es una sucesión de estimulaciones dopaminérgicas seguidas por respuestas generalmente automáticas. No solemos pararnos a reflexionar sobre el motivo por el que perseguimos la estimulación, ni nos tomamos un respiro para asimilar el rico presente o para disfrutar de lo que hemos conseguido. Eso nos lleva a la desensibilización y a necesitar más para sentir menos. Ahora bien, cuando echamos el freno de algunas estimulaciones dopaminérgicas bien elegidas, rompemos el patrón. En lugar de una cadena ininterrumpida de exigencias y reacciones, cada día se convierte en una sucesión de actividades cuyo valor, o falta de valor, acabamos reconociendo de forma más natural. Esto nos confiere más poder a la hora de elegir cómo responder. Podemos decidir invertir menos tiempo a ilusionarnos por cosas que probablemente valoramos en exceso, y más tiempo a disfrutar la realidad innegable de los placeres del día a día.

Seguiremos experimentando insatisfacción. La insatisfacción no desaparecerá. No hay que esperar que desaparezca, y tampoco desearlo. Ser feliz a todas horas es imposible. Además, recuerda que la gente feliz no se mejora a sí misma ni mejora el mundo. Pero alguien con un sistema dopaminérgico revitalizado apreciará más las cosas sin menos estimulación, y obtendrá un placer mayor y más intenso del aquí y el ahora. Se sentirá más humano.

La revitalización rebaja nuestro umbral de tolerancia y hace más fácil percibir la estimulación de dopamina. Al final, hasta una tostadita puede ser más satisfactoria. Empezamos a experimentar una gratificación más rica de las pequeñas ilusiones del día a día: leer un buen libro, esperar con impaciencia una comida saludable, llevarnos una sonrisa inesperada de un desconocido. Los picos de estimulación del aquí y el ahora también pueden ser auténticos placeres: un postre casero, una copa de champán en una fiesta o el reconocimiento por un trabajo muy bien hecho. Esta clase de estimulación no nos arrastra a la oscura vorágine de necesitar más solo para sentir menos. Restaura el color y la pasión de la vida.

La suerte de tener un reto

No será fácil. Pero hazlo igualmente.

En *La tempestad* de Shakespeare, Próspero, duque de Milán en el exilio, ambiciona casar a su hija con el príncipe de Nápoles. Próspero se las ingenia para que los dos jóvenes se vean y, naturalmente, los dos se enamoran a primera vista. Pero el duque decide ponérselo difícil al príncipe. No quiere que este conquiste a su hija tan fácilmente porque entonces es posible que no valore su amor. «Ganar sin afán / desluce el premio a nuestros ojos», dice.

El cómico y filósofo Rodney Douglas Norman aconseja algo parecido en un poema titulado «I Hope You Have the Fortune to Experience Misfortune» [Espero que tengas la fortuna de vivir el infortunio].[4] Rodney sostiene que la mejor motivación no es la dificultad, sino el fracaso. «Espero que te olviden, te ignoren y te desoigan», escribe, y luego nos desea fuerza para resistir a la llamada dopaminérgica de los aplausos y la aceptación: «Espero que aprendas que no necesitas la aprobación de los demás».

El progreso tecnológico que tanto nos facilita la vida también nos lleva a dar por sentadas cosas que antes eran preciosas. Premios que antes requerían mucho esfuerzo y mucha perseverancia ahora están a cuatro clics: gracias a las redes sociales es fácil encontrar la atención que requerimos y, con las páginas web de compraventa, al mediodía tenemos en casa productos que decidimos comprar por la mañana. Incluso las calorías son baratas y copiosas. Antaño, el principal desafío para los humanos era sobrevivir, pero las cosas han cambiado. Actualmente, la gratificación es fácil y los chutes constantes de dopamina están desgastando nuestros sistemas de recompensa, nuestras mentes y nuestras vidas. Ahora tenemos que hacer algo para lo cual la evolución no nos ha preparado: domesticar los antiguos circuitos del cerebro para que no nos arruinen la vida embarcándonos no en una lucha por la supervivencia, sino en una carrera interminable por el exceso y la avidez. Renunciar a la dopamina no es algo natural, pero, en una época con tanta abundancia, un desafío real puede ser un regalo.

El ayuno de dopamina puede ser un avance reciente, pero el poder de la abnegación se conoce desde hace milenios. «Sé moderado para poder deleitarte copiosamente con los placeres de la vida», escribió el filósofo griego Epicuro. Él no conocía el sistema dopaminérgico, pero entendía la importancia de no perder la sensibilidad. Hay que ser disciplinados —resistirnos a consciencia a las fuerzas evolutivas que moldearon nuestros circuitos cerebrales—, pero esta resolución vital puede revertir en la restauración del placer que merecemos.

4

POSIBLES RECURSOS DOPAMINÉRGICOS FUTUROS

Probando, probando

Una vez que hayas intentado aumentar o disminuir la dopamina y hayas medido los efectos evaluando cómo te sientes y te comportas, seguramente te preguntarás si hay alguna forma de medir numéricamente esos niveles. El problema es que averiguar el «nivel» de dopamina simplifica en exceso lo que necesitamos saber y lo que somos capaces de medir. Sin embargo, en un futuro, la cosa podría cambiar.

Cuando hablamos de pruebas médicas, normalmente nos vienen a la cabeza los análisis de sangre. Los análisis de sangre son fiables porque en las venas encontramos muchísimas sustancias importantes. Pero calcular la dopamina en sangre no nos dice mucho, porque donde más importa tener niveles elevados de dopamina es en las células. Para conocer a fondo la actividad de esta molécula, tendríamos que explorar el cerebro con «electrodos de escala micrométrica» y una ultra alta definición.[1] De momento, eso solo se ha hecho en contextos experimentales.

Sin embargo, en 2023, un equipo de cinco científicos de las áreas de la química, la neurofarmacología y la fisiología documentaron sus avances a la hora de medir la dopamina usando un descubrimiento relativamente nuevo: los puntos cuánticos de carbono (PCC). Los PCC son de las cosas más pequeñas que conocemos. ¿Cómo de pequeñas son? Si comparamos un PCC con un pelo humano, sería como comparar una pelota de tenis con la longitud de dos campos de fútbol. Y resulta que cuando las cosas son tan pequeñas, las reglas de la física se vuelven locas. De ese modo, los PCC pueden hacerse fluorescentes y usarse para llevar medicinas a algunas estructuras cerebrales a fin de que reaccionen a ciertas moléculas. También son bastante inocuos para el cuerpo, así que son ideales para investigar el cerebro y medir su función; son estables y «bastante independientes», así que tienden a ser resistentes a todo lo que los rodea. Eso quiere decir que podemos meterlos en el cuerpo sin ningún problema y, dado que los diagnósticos nos obligan a acercarnos a aquello que estamos midiendo, los PCC son una herramienta poderosa. En un entorno cuidadosamente preparado, la radiación emitida por los PCC es proporcional a la dopamina que tienen a su alrededor. Aquí, lo del «entorno cuidadosamente preparado» es clave. Ahora mismo sería casi imposible crear las condiciones necesarias en una clínica o en un hospital. Aun así, este podría ser el primer paso hacia una prueba precisa, con lo que un médico podría diagnosticar trastornos dopaminérgicos en el ámbito molecular.[2]

También hay otra prueba para conocer los niveles de dopamina, pero su efectividad sigue en entredicho. Es simple a más no poder. Y cuando digo simple, lo digo de verdad: es una medición basada en la frecuencia de parpadeo, calculada nada más y nada menos que por el número de parpadeos espontáneos por minuto. En 2017, un estudio de la literatura científica sobre este método lo tildó de «inconsistente e incompleto».[3] Pero parece que hay algo de veracidad, al menos ocasionalmente y para algunas personas. Es más, la prueba de la frecuencia de parpadeo ha ayudado a desarrollar otro posible potenciador de dopamina: un sonido muy poco habitual.

Dale a «reproducir»

¿Podemos alterar los efectos de la dopamina con un par de auriculares? En un artículo de 2013, tres científicos documentaron que habían medido los niveles de dopamina analizando la frecuencia de parpadeo de los sujetos durante una «ilusión auditiva» conocida como sonidos binaurales.[4] Los efectos eran alentadores.

Para entender cómo se usaría el sonido para cambiar nuestro estado de ánimo, primero debemos aprender un poco sobre las ondas. En la naturaleza hay muchos elementos que tienen una cualidad fluctuante, entre otros, los patrones reiterados de actividad eléctrica en el tejido nervioso del cerebro. Pero para entender cómo las ondas afectan al cerebro, vamos a analizar algo que ya conocemos: las olas del mar. Hay muchos tipos de olas en el mar, algunas de traslación y otras en las que el agua apenas se encrespa. Las de traslación son grandes y lentas. Transportan una gran cantidad de energía y, en un breve lapso de tiempo, alteran bastante la forma del litoral. Las ondas suaves no son muy altas, pero son rápidas. Su efecto sobre la costa es más lento y sutil. Al igual que las olas del océano, las ondas cerebrales se relacionan con efectos y resultados específicos.

Pensad en la frecuencia de las ondas como un pulso, como el compás de una canción. Por ejemplo, «Stayin' Alive» de los Bee Gees tiene unos 104 *beats* por minuto. Las ondas cerebrales también tienen una frecuencia, y cada rango de frecuencias se asocia a una actividad o estado mental:

- El rango de las ondas delta oscila entre los 10 segundos y las 3,5 veces por segundo (0,1-3,5 hercios, o Hz). Estas ondas son habituales durante las etapas de sueño profundo y durante la infancia.
- Las ondas theta (3,5-7,5 Hz) están relacionadas con la creatividad, la fantasía y la intuición, así como la desconcentración.
- Las ondas alfa (8-12 Hz) son el estado en el que más a menudo se encuentra el cerebro. Se producen durante las fases de consciencia simple y casual. Si estás despierto y no estás ocupado, probablemente estés produciendo ondas alfa.
- Las ondas beta (12-30 Hz) son el siguiente rango de la escala. Ocurren cuando estás ocupado, tomas decisiones, prestas atención o le das muchas vueltas a algo.

- Las ondas gamma (30-44 Hz), la máxima frecuencia observada, se asocian al procesamiento simultáneo en varias áreas del cerebro.

Ahora pensemos en el sonido, que es una onda que cruza un medio como el aire y que se repite una y otra vez. El motor de un coche de gasolina emite un sonido más o menos grave, pero, cuando pisas el acelerador, se vuelve más agudo. ¿Por qué? Porque el motor está aumentando las revoluciones por minuto y esa mayor frecuencia en la actividad crea un sonido más agudo.

Teniendo todo eso en cuenta, podemos analizar una peculiaridad increíble de la función cerebral. Si reproduces un tono en un oído y otro tono un poco más grave en el otro, vas a oír un pulso o «ritmo» con una frecuencia correspondiente a la diferencia entre ambas notas. Por ejemplo, si la primera nota es un do a 132 Hz y la otra es un la a 78 Hz, lo que oirás* será un ritmo igual a la diferencia entre ellas: 54 Hz.[5] Esto genera un efecto sorprendente. Parece que varias frecuencias de ritmos binaurales cambian la frecuencia de las ondas cerebrales y de la consiguiente función cerebral, con lo que alteran el estado de ánimo, la percepción y la cognición. Lo único que tenemos que hacer es elegir un par de tonos precisos para escucharlos, uno con cada oído. La diferencia de frecuencia empuja a nuestras ondas cerebrales hasta esa frecuencia y estimula actividades relacionadas en varias estructuras y varios sistemas.

* A veces, el ritmo tiene una frecuencia demasiado baja para detectarlo. Aun así, el cerebro lo nota y reacciona a él. *(N. del a.)*

Una de las cosas que podemos estimular siguiendo este método es la dopamina. Los científicos que firmaron el artículo de 2013 estudiaron el efecto de los sonidos binaurales analizando la creatividad. La conclusión fue que esos sonidos parecían mejorar la capacidad cerebral para recopilar más ideas diferentes en un espacio relativamente corto de tiempo,[6] un don llamado «pensamiento divergente» del que volveremos a hablar en el capítulo 10. Esta compilación de elementos dispares, una especie de lluvia de ideas, es el primer paso para poder pensar de manera creativa, porque las nuevas ideas provienen de la conexión de nociones sin relación previa. En cuanto a la influencia sobre la dopamina, los resultados sugieren que las personas con baja dopamina son las que más se benefician de los sonidos binaurales, mientras que las que tienen niveles normales o elevados no sacan tanto provecho. De hecho, en otra rareza que demuestra cómo el cerebro se resiste a la «sobrexigencia», las personas con niveles normales o altos de dopamina pueden oír sonidos binaurales y llegar a perder capacidad creativa.

No sabemos cómo funciona, pero hay un fenómeno interesante. Algún día, los sonidos binaurales podrían ayudarnos a ser más creativos si tenemos una actividad dopaminérgica deficiente en una zona concreta del cerebro. En un futuro, es posible que incluso usemos estímulos auditivos para alterar los niveles de dopamina y cambiar el estado de ánimo, la percepción y la cognición. Probablemente, aún falte mucho, pero por ahora los resultados llaman la atención.

EN BUSCA DE LA MOTIVACIÓN PARA HACER EJERCICIO

A todos nos gustaría estar más motivados. Así es como podríamos lograrlo algún día a través de la dopamina.

Manipulando la flora intestinal de los ratones, logramos incentivar la actividad dopaminérgica y potenciar las ganas de hacer ejercicio. También sabemos que los seres humanos con niveles de dopamina relativamente altos suelen estar más predispuestos a hacer deporte. Pero eso solo es así cuando vemos una recompensa a nuestro esfuerzo.

¿La dopamina puede motivarnos —en este caso, a hacer ejercicio— sin ofrecernos una recompensa?

Los investigadores empezaron con 19 voluntarios a los que ya se había diagnosticado bajos niveles de dopamina fruto de la enfermedad de Parkinson y estudiaron su evolución a lo largo de tres experimentos. Algunos días, los sujetos tomaban su dosis sustitutiva habitual de dopamina. Otros días, se les pedía que no tomaran la medicina. Durante varias jornadas, los investigadores ordenaron a los pacientes que apretaran con la mano un muelle que medía la fuerza ejercida.

Experimento 1

Los investigadores pedían a los sujetos del experimento que apretaran con la mano un muelle y puntuaran la dificultad.

Resultados: cuando los sujetos tomaban su medicina

para equilibrar sus niveles de dopamina, evaluaban correctamente la resistencia del dispositivo. Cuando no tomaban la medicina y tenían baja dopamina, sobrevaloraban la resistencia.

Conclusión: cuando los niveles de dopamina están por debajo de lo normal, una tarea física puede antojársenos más difícil de lo que realmente es, y eso podría disuadirnos de intentar realizarla.

Experimento 2

En el segundo experimento, los investigadores daban la medicina a algunos pacientes y se la retiraban a otros. Luego, les ofrecían a todos dos opciones:

- Opción 1: apretar con la mano un muelle con la promesa de que no resultaría complicado.
- Opción 2: lanzar una moneda al aire. Si salía cara, los sujetos podrían apretar con la mano un muelle sin resistencia alguna. Si salía cruz, tendrían que vérselas con un muelle más duro de lo normal.

Resultados: los sujetos con niveles normales de dopamina eran más propensos a jugársela con la moneda y arriesgarse a afrontar la tarea más difícil. Aquellos con niveles bajos de dopamina eran más susceptibles de elegir la opción fácil.

Conclusión: cuando nuestros niveles de dopamina están por debajo de lo normal, es posible que perdamos confianza en poder completar una tarea física, así que somos menos propensos a probarla.

Experimento 3

En el tercer experimento, los investigadores ofrecían dos opciones a los participantes:

- Opción 1: aceptar una cantidad simbólica de dinero y ahorrarse tener que participar en una tarea física.
- Opción 2: arrojar una moneda al aire. Cara, no había dinero. Cruz, había más dinero que en la opción 1.

Resultados: no había diferencia en las respuestas del grupo medicado y del no medicado.

Conclusión: la influencia de la dopamina a la hora de elevar el nivel de confianza parece limitarse a la actividad física.[7] No parece que surta ningún efecto sobre la confianza general ni en el riesgo no físico.

Este experimento, igual que otros del mismo estilo, sugiere que algún día puede haber un tratamiento dopaminérgico para conseguir que el ejercicio (u otras tareas exigentes) nos parezca menos extenuante de lo que es. Eso nos haría más propensos a practicar deporte. Sería un acicate maravilloso en un mundo en el que la obesidad y la vida sedentaria son tan habituales y costosos.*

* Todavía no se ha investigado cómo hacer más divertido el ejercicio, aunque en mi gimnasio hay agua embotellada gratis y unas teles gigantes. Ahí es nada. *(N. del a.)*

Creatividad en el enchufe

La tecnología nos permite hacer todo tipo de cosas más fácil y rápidamente que antes. Gracias a las calculadoras y los ordenadores, ahora hacemos cálculos complejos que a mano nos llevarían mucho más tiempo. La IA nos ahorra tiempo resumiendo cualquier cosa, desde un hilo de correos electrónicos hasta un libro entero. ¿Habrá alguna tecnología que también fomente nuestra creatividad?

Recientes estudios sugieren no solo que es posible sino incluso inminente. Esa tecnología podría ahorrarnos los inconvenientes de aquellos tratamientos que «fríen» un cerebro normal. Ya existen varias formas de estimular el cerebro para mejorar su rendimiento con la electricidad. La más conocida es la terapia electroconvulsiva (TEC) o de electrochoque, utilizada para la depresión resistente al tratamiento farmacológico. Otra es la estimulación magnética transcraneal (EMT), similar a la TEC, salvo que, en vez de aplicar corriente eléctrica directamente al cerebro, usa un campo magnético para crear una corriente secundaria menos invasiva. Pero la tecnología de estimulación cerebral que nos interesa es tan nueva que se ha investigado poquísimo.

La estimulación con corriente directa transcraneal (TDCS) es más precisa que la TEC o la EMT, y su estimulación eléctrica parece lograr efectos que por ahora solo son posibles con medicación. Por ejemplo, el alprazolam surte un efecto sedante estimulando la liberación de GABA, un neurotransmisor que bloquea algunas señales estresantes en el cerebro. La TDCS hace lo mismo usando la electricidad en vez de la neuroquímica, si bien el efecto no es tan potente como el de los medicamentos. El método es no invasivo. Colocando cuidadosamente electrodos en la cabeza, podemos escoger qué estructuras queremos estimular.*

¿Y si pudiéramos potenciar la creatividad usando la TDCS para inhibir el circuito del control dopaminérgico? Eso sería útil, porque el circuito bloquea ideas extravagantes o aparentemente irracionales, lo cual suele ser conveniente cuando buscamos nuevas fórmulas y diseños innovadores. El circuito del control se encuentra en la corteza prefrontal, justo detrás de la frente, de modo que es el único elemento del sistema de control al que podemos llegar con la estimulación TDCS. En un experimento, unos científicos colocaron un electrodo negativo en esta zona con la esperanza de inhibir el circuito del control y facilitar el tránsito de ideas extravagantes al circuito del deseo, donde reside el pensamiento creativo. Estimulando de esta forma a los participantes del estudio, se les pidió que pensaran en más usos originales para objetos de su día a día. Los que recibieron estimulación encontraron más soluciones que los demás. De hecho, según la valoración de los investigadores, las ideas de esos sujetos resultaron especialmente estrafalarias o diferentes.[8] Los responsables del experimento hablaron de un incremento de la creatividad. También surgieron ideas normales, porque no se estaban bloqueando. Y eso no es menor, porque tampoco quere-

* Un receptor tiene carga positiva o negativa según el fluido extracelular que lo rodea. Si introducimos electricidad, la carga cambia, y la carga es lo que determina si una neurona se activa. Todo esto es muy curioso si te interesa el tema, pero no tienes por qué conocer estos detalles para entender mi argumento. *(N. del a.)*

mos que la creatividad se ciña a la generación de ideas alocadas. (De esas, nos basta con un puñado.)

Por ahora, la TDCS no se está usando con pacientes. Solo es una herramienta que los investigadores emplean para jugar con el cerebro para ver qué pasa. Sin embargo, la tecnología empleada es bastante sencilla y, en el momento en que se publicó el artículo, en Amazon vendían dispositivos de TDCS. Unos alumnos de Dan Lieberman, el amigo con quien coescribí *Dopamina*, le regalaron uno de esos dispositivos antes de su graduación. Dan lo tiene expuesto en su despacho, pero todavía no ha tenido el valor (o la temeridad) de usarlo. Yo le pedí que, cuando lo hiciera, me avisara. Es un buen plan para pasar la tarde.

Es razonable pensar que en el futuro aparecerá alguna versión de esa tecnología para potenciar la creatividad. Seguramente solo es cuestión de tiempo, de hacer pruebas y de investigar un poco más. Y también de encontrar a alguien con quien testarlo, por supuesto.

¿Y SI PUDIERAS RECUPERAR TU VIDA?

Actualmente, muchos tratamientos relacionados con la dopamina aportan beneficios a costa de nuestra capacidad para disfrutar algunos de los placeres más simples de la vida. Por ejemplo, muchos antidepresivos tienen efectos secundarios inoportunos para la libido y el sexo.

¿Y si pudiéramos remediarlo?

Ahora mismo se está estudiando un compuesto prometedor, aunque los detalles no recuerdan a un estudio médico, sino más bien al nacimiento de un superhéroe.

Tenéis que saber una cosa de la que no se habla mucho fuera de los círculos de investigación farmacológica: muchos fármacos empiezan siendo venenos. Como ya habréis oído decir, la penicilina proviene del moho, de algo que no se te ocurriría ingerir. Otro ejemplo: hace casi cien años, los veterinarios se percataron de que el ganado que había padecido alguna lesión se alimentaba de un tipo de trébol concreto. Normalmente, esa planta era mortal para las vacas. Pero cuando estas estaban enfermas, les venía bien. Al final, se descubrió que un extracto de dicha planta tenía propiedades medicinales para los humanos y se convirtió en la warfarina, un anticoagulante.[9] El litio, uno de los medicamentos que revolucionó la psiquiatría en el siglo XX, fue desarrollado por el psiquiatra australiano John Cade, quien descubrió su potencial mediante la investigación de una profusa colección de muestras de orina de sus pacientes.[10] (Guardaba los botes en su nevera. La próxima vez que penséis que vuestra nevera está hecha un asco, acordaos de la cocina del doctor Cade.)

El último ejemplo de esta milenaria historia es el de las beta-carbolinas, vinculadas con la enfermedad de Parkinson. En altas concentraciones, las beta-carbolinas atacan el sistema dopaminérgico y lo destripan neurona a neurona. Pero si modificamos ligeramente uno de estos alcaloides,* se produce un efecto curioso: deja de destruir neuronas dopaminérgicas para protegerlas. Dos

* Pasamos un átomo de carbono de una posición a otra dentro de la molécula. Lo repito: no tenéis por qué saber esto para entender lo que pasa, pero os lo cuento para que os hagáis cargo. *(N. del a.)*

neurocientíficos rusos describieron las beta-carbolinas como «los buenos de una familia turbia».[11] Las neuronas rehabilitadas mejoran el uso de oxígeno en las células objetivo, así que promueven la creación de más dopamina. Las células restauradas también tienen más opciones de sobrevivir a condiciones de estrés, proliferan con mayor facilidad y conectan mejor con otras células. El resultado final es una función mejorada para el paciente.

Como ya hemos visto, mangonear en el sistema dopaminérgico también provoca efectos perjudiciales. Los laboratorios que han probado estas beta-carbolinas modificadas en animales han confirmado una mejora del aprendizaje y un ajuste más rápido a los nuevos entornos, pero no hay garantía de lo que podría pasar en humanos, y no parece que haya habido ningún estudio con voluntarios por el momento. Pero eso no significa que la gente no lo esté probando de todas formas. Como este método no está regulado por las autoridades sanitarias, la gente puede hacer lo que le dé la gana,* y hay quienes lo han hecho. Los resultados son interesantes. Así lo describió un usuario:

> Probé [esta molécula] cuando tuve la sensación de que, tras años tomando la medicación para el TDAH, me estaba costando responder a los estímulos terrenales. En unos días surtió efecto. Volví a disfrutar del deporte y de socializar. Es una impresión subjetiva, pero en internet hay muchas anécdotas iguales de gente de esta comunidad.

* Nótese que no he nombrado el compuesto. Experimentar con él fuera del laboratorio es legal, pero los riesgos son considerables. *(N. del a.)*

> Los efectos llegan al máximo en una semana y luego se estabilizan. No sientes ningún «subidón», es una estimulación leve. Pero sí empiezas a disfrutar de las pequeñas cosas, como salir a que te dé el sol o ver una planta con muchos colores. En mi caso, el efecto no se disipó; simplemente se volvió mi nueva normalidad, por así decirlo. Incluso años después.[12]

En ciertos aspectos, la base científica para esta clase de tratamientos se parece a la que hay para los suplementos nutricionales, cuyos supuestos beneficios se fundamentan en estudios con animales, afirmaciones no contrastadas y poco más. Pero más allá de necesitar una muestra más amplia, los estudios con animales son creíbles, primeramente, porque corrieron a cargo de personas que no tenían ningún interés económico por el resultado. En cuanto a los comentarios de los usuarios, era gente que estaba pidiendo ayuda, en algunos casos de manera desesperada. Si el compuesto no les ayudara, no tendrían ninguna razón para afirmar lo contrario. A decir verdad, su nueva decepción les habría dado razones de peso para desacreditar el fármaco.

¿Significa eso que la gente que quiere revitalizar sus circuitos dopaminérgicos debería tomarlo? La verdad es que no sabemos si funciona ni si es seguro. En pequeñas dosis se han detectado mejoras cognitivas en animales, pero las dosis más elevadas provocan comportamientos ansiosos y ataques de pánico. Tal vez los pacientes que no sufrieron daños permanentes tras tomar el fármaco tuvieron suerte, y tal vez los que notaron una mejoría en sus síntomas tuvieron mucha suerte, o tal vez son pioneros en el consumo de un fármaco que terminará siendo milagroso. En todo caso, saber a quién puede ayudar ese compuesto, en qué medida y por qué —si es que ayuda— sigue siendo un enigma, y solo podemos elucubrar con las dosis. Salvo que estés muy desesperado, los riesgos superan con creces los posibles beneficios. Pero, dentro del laboratorio, en ensayos controlados con humanos, es una vía de estudio prometedora, y el gran afán de los científicos es lograr que funcione para aliviar el dolor de la gente. Habrá que estar atentos.

Los recambios

Habría una cosa mejor que introducir dopamina externa en un cerebro que no produce la suficiente: recomponer la capacidad del cerebro para crearla. En teoría, podríamos trasplantar neuronas precursoras en el cerebro para que se convirtieran en células completas, comenzaran a producir dopamina y luego siguieran haciéndolo como si llevaran toda la vida allí. Esos implantes han sido el gran sueño de la medicina desde hace casi tres décadas. La idea nació cuando se logró aislar por primera vez células madre embrionarias, que en principio permitirían hacer eso. El progreso ha sido escaso porque la investigación es muy complicada, está embarrada por dilemas éticos y leyes internacionales y es peligrosa para los sujetos. Pero un grupo de investigadores encabezado por Claire Henchcliffe, una neuróloga de la Universidad de California en Irvine, parece haber dado el primer paso hacia un tratamiento práctico. Si el progreso continúa, se podría descubrir el remedio más potente de la historia de la neurología y se devolvería la normalidad a millones de personas aquejadas de lesiones y enfermedades cerebrales, como el párkinson.

La máxima prioridad es la seguridad. Cuando se implantan mal estas células en humanos, puede ser calamitoso. Un estudio del año 2000 fue «una pesadilla»: las células implantadas se descontrolaron y fue imposible desactivarlas. Los pacientes más jóvenes de párkinson sufrieron síntomas horribles, como bruxismo constante, temblores en los dedos y movimientos involuntarios y bruscos de los brazos. «Fue trágico, catastrófico», dijo Paul E. Green, uno de los investigadores del estudio.[13]

Veinte años después, la labor de la doctora Henchcliffe abordó de frente este problema. Después de comprobar que las pruebas con animales eran perfectamente seguras y tolerables, el equipo de Henchcliffe obtuvo el permiso para realizar el primer ensayo con humanos. En un pequeño experimento con doce pacientes de párkinson, el equipo implantó neuronas creadas en un laboratorio y productoras de dopamina, cuya carencia es clave para la enfermedad. Las nuevas células no solo producen dopamina sustitutiva, sino que se convierten en una parte funcional del cerebro y, de momento —en marzo de 2024—, ya llevan activas dieciocho meses.[14] Estos implantes, un tratamiento conocido como MSK-DA01, «parece seguro y puede haber reducido los síntomas» de algunos participantes.[15] La promesa de la medicina regenerativa es esta: en vez de poner un parche al problema, de sortearlo o de crear un sustituto, el cerebro adquiere literalmente una versión nueva de la estructura que ha fallado. Por poner un ejemplo, es la misma diferencia que hay entre colocar una prótesis y que nos vuelva a crecer una extremidad. «Esperamos que llegue el día en el que las personas ya no se consideren pacientes de párkinson», dijo el director general de la empresa que ha promovido el experimento.[16]

El ensayo de Henchcliffe estaba en la fase I, así que su prioridad no es evaluar la eficacia, sino la seguridad, los efectos secundarios y las dosis. En la fase II se recogen datos contrastados sobre la utilidad real del tratamiento. Si el estudio promete, en una fase III ampliada se comparan los resultados con los de tratamientos existentes. Si el nuevo tratamiento parece mejor, el último paso es solicitar la aprobación a la agencia de medicamentos. El trabajo de Henchcliffe se encuentra en una fase muy preliminar y todavía queda mucho camino por delante, pero de momento promete. Si el tratamiento funciona, podría ser la vía para suplementar o reemplazar neuronas en otros sistemas dopaminérgicos del cerebro.

¿El fin de la adicción?

Hay dolencias que podemos curar extirpando el problema de raíz. La malaria responde a la artemisinina.* El cólera se solventa con antibióticos y rehidratación. Con

* Os preguntaréis qué es la artemisinina. No es más que una lactona sesquiterpénica con un raro puente endoperóxido. O dicho llanamente, una hierba china con propiedades antiparasitarias. *(N. del a.)*

un par de aspirinas, normalmente resolvemos la jaqueca. Otras enfermedades no se pueden eliminar, pero podemos poner fin a sus efectos perjudiciales de manera permanente con un tratamiento simple y continuado, como son los diuréticos para la hipertensión o la terapia hormonal para el hipotiroidismo.

¿Y si también pudiéramos eliminar los antojos e impulsos que genera la dopamina? ¿Y si pudiéramos acabar con la adicción?

En la medicina moderna no hay cura para la adicción. La gente aprende métodos para aplacar el ansia más extrema y, luego, aprende a lidiar con el gusanillo que queda. El resultado es excelente, pero no equivale a una cura. El problema se ve afectado por las emociones, el estado de ánimo y el deseo, que muy a menudo forman parte de cosas placenteras. Para «curar» la adicción necesitaríamos un compuesto que no solo se ocupara de aspectos concretos de la experiencia humana, sino que surtiera efecto únicamente en determinadas situaciones. En particular, tendríamos que dominar los antojos que la dopamina ayuda a causar. Con el tiempo, sucumbir a esos antojos hace que el placer disminuya, pero el deseo no desaparece. Ese es el poder de la adicción. Dicho eso, ahí podría esconderse una solución.

La semaglutida es el principio activo básico de medicamentos como Ozempic, Rybelsus y Wegovy. El uso original de la semaglutida era para tratar la diabetes tipo 2, que engloba más o menos el 90 por ciento de todos los casos de diabetes. Este medicamento ayuda a controlar los niveles de glucemia, que es lo que se busca con el tratamiento de la diabetes. Sin embargo, el fármaco también hace un par de cosas más. Ralentiza el paso de los alimentos por el estómago y reduce las ganas de comer. A raíz de eso, no solo podemos controlar mejor la diabetes, sino que los pacientes pierden peso. Este efecto secundario se producía en casi cualquiera que tomaba el fármaco, fuera o no diabético. La persona ni siquiera debía esforzarse mucho por comer menos. Lo hacía de manera natural. Esa es la clave del éxito de la semaglutida: hace que el deseo de comer decaiga hasta casi desaparecer. Algunas compañías ya están ajustando sus planes porque saben que la semaglutida podría cambiar la realidad cultural y comercial. Por ejemplo, Weight Watchers está cerrando muchas tiendas físicas y parece que, en parte, lo está haciendo debido a esta nueva forma de entender la dieta y la vida. Ver para creer. Y es todavía más impresionante pensar que estos fármacos para perder peso podrían tener implicaciones históricas para la adicción en general.[17] Este «fin del ansia» puede ser una experiencia que te cambia la vida, y no he tenido que escarbar mucho para encontrar un ejemplo.

Yo he tenido problemas de obesidad durante gran parte de mi vida adulta. He logrado perder peso, pero siempre he sudado tinta para conseguirlo. Mi problema es simple y, si no es una auténtica adicción, se asemeja bastante: yo ansío la experiencia de comer. Puedo sentirme saciado y aún disfruto. Si alguien me pregunta si quiero pedir una *pizza*, mi respuesta es siempre que sí. Creo que nunca me planteo si tengo hambre. Me gusta la sensación de comer. Me gusta el sabor de la comida. Me gusta la experiencia de comer. He descartado la cirugía para bajar de peso porque eso me coartaría para siempre a la hora de disfrutar de lo que tanto me gusta. ¿No poder atiborrarme en un banquete? Antes dejo de respirar.

Cuando empecé a tomar semaglutida, el fármaco no solo redujo mi apetito, cosa que yo ya preveía, sino también mi antojo de comer. Y eso sí que no me lo esperaba. Me dijeron que podía pasar; simplemente no era capaz de imaginar que algo así pudiera ser real. Pero lo fue, y fue estupendo. Y luego me llevé una sorpresa todavía mayor: también desapareció mi deseo del placer de comer, ese acto del aquí y el ahora tan tremendamente satisfactorio como es consumir un alimento delicioso. Imagínate que te olvidas de alguien de quien estuviste enamorado. Eso pasa. Pero imagínate que te da igual si vuelves a enamorarte o no. Aunque parezca increíble, mi sensación fue esa.

Me puse mi primera inyección un lunes a las nueve de la mañana. Al cabo de tres horas, fui a una comida de empresa en un restaurante italiano. A mí me encanta la comida italiana y, además, era un sitio nuevo, así que mi dopamina todavía estaba generando unas expectativas por todo lo alto. ¡Ni siquiera había probado nada del menú! Y, sin embargo, no solo noté que no tenía apetito, sino que la comida no me atraía en absoluto. Para no ocupar una mesa sin pedir nada, elegí una guarnición y piqué un poco. Y desde entonces ha sido así: *¿Comida? Qué va, paso.*

El fármaco me hace sentir saciado en todo momento, pero antes eso nunca me habría impedido comer. La diferencia es que ahora ya no ansío la comida. Si me preguntas si quiero una *pizza*, te diré que no me apetece. El deseo ya no existe. ¿Y el placer intenso de comer? Tampoco existe. Las cosas me siguen sabiendo bien, pero esa ansia invencible a la que no puedo decir que no —esa necesidad imperiosa e inexorable de comer— se ha evaporado.

Y un servidor cada vez más enjuto no es el único que ha experimentado esa sensación. Para muchos, esta reducción del deseo va mucho más allá de la comida. Por ejemplo, por todo Reino Unido han aparecido testimonios de consumidores de semaglutida que han aplacado ansias mucho más perjudiciales, como las que provienen de la adicción química al tabaco y al alcohol, y también conductas como morderse las uñas, excoriarse la piel y comprar de manera compulsiva.[18] Vamos a ver por qué podría suceder esto.

La conexión entre la dopamina y el deseo empieza en el páncreas.* La semaglutida hace que el órgano libere insulina durante un largo período de tiempo. Sustancias parecidas como la liraglutida y la exenatida actúan durante lapsos más breves. Todos surten sus efectos estimulando un receptor para la hormona GLP-1 («péptido similar al glucagón-1»). Un compuesto que estimula un receptor se llama agonista, de ahí que estos compuestos se denominen «agonistas del receptor GLP-1». Además de estimular la liberación de insulina, estos agonistas terminan por influir en el sistema de recompensa dopaminérgico. Aquí es donde empiezan los efectos

* Por eso esta posible panacea surgió de la investigación de la diabetes. *(N. del a.)*

prometedores: según unos estudios con ratas y ratones efectuados entre 2018 y 2020, esos agonistas del receptor GLP-1 tenían un efecto indirecto sobre la estimulación dopaminérgica provocada por el alcohol,[19] la cocaína[20] y la oxicodona.[21] Otro estudio en ratones concluyó que la semaglutida «potenciaba el crecimiento de neuronas dopaminérgicas en la sustancia negra».[22]

Entre los estudios con animales realizados en un laboratorio y el tratamiento seguro y efectivo con seres humanos hay un buen trecho, pero la investigación está en curso. Desconocemos gran parte del método de acción de la semaglutida. Tal vez cree inhibición en una porción específica del sistema dopaminérgico, allí donde germinan los antojos. Pero esa es una descripción muy general... Es como decir: «Tal vez podemos cruzar el océano porque normalmente esta embarcación flota». Aun así, por algo se empieza. Quedan muchas variables por analizar. Tal vez la semaglutida funcione elevando el número de receptores de dopamina, lo cual podría aplacar la compulsión o la adicción porque ese sistema es más fácil de saciar. Pero también es cierto que con más receptores podría aumentar la conducta compulsiva, porque el placer de la estimulación sería mayor. También sabemos que receptores y neuronas similares de cualquier sistema causan efectos diametralmente opuestos en función de su ubicación. Por ejemplo, la pepita que denominamos núcleo accumbens es la que libera la dopamina en el circuito del deseo. Cuando la dopamina se libera en la corteza del núcleo accumbens, la sensación es la recompensa; cuando la dopamina se libera en la zona central, la sensación es el antojo.

Lo único que sabemos a ciencia cierta es que, en cuanto a la semaglutida y a otros agonistas del receptor GLP-1, si sus efectos prometedores sobre los comportamientos adictivos se pueden achacar a acciones concretas en el plano celular, ese camino podría dar pie a un tratamiento efectivo e integral para las adicciones químicas y conductuales y las compulsiones. Esa manipulación de la dopamina podría cambiar el mundo.

5

LA TERAPIA COMO SOLUCIÓN PARA SUBIR Y BAJAR LA DOPAMINA

Habla, escucha, cambia, mejora

Si quieres cambiar los efectos generales de la dopamina en tu vida, aún hay otro camino posible: el de la terapia. La idea es dejar un poco de lado la neurociencia de la dopamina y centrarte en los sentimientos y comportamientos propios. Se trata de un método más tradicional para comenzar a entender la vida como quieres entenderla y a vivirla como quieres vivirla. La terapia es útil y su eficacia está probada. Tanto si padeces un exceso de actividad dopaminérgica como una falta de ella —o, más probablemente, problemas más indirectamente ligados a la dopamina y a su interacción con otros sistemas—, la terapia te ahorra tener que entender la química cerebral y te permite poner el acento en tu mente, tu estado de ánimo, tu actitud, tu comportamiento y tus elecciones.

Para los que están dispuestos a dar el do de pecho y a tomárselo como un trabajo provechoso tanto por el camino recorrido como por el objetivo final, la terapia puede ser un ejercicio sin parangón para mejorar la vida. Pero debemos comprometernos igual que nos comprometemos con la familia o la profesión de nuestros sueños. La terapia puede mejorar nuestra vida en todas sus facetas: la manera de afrontar los problemas, de sobrellevar la decepción, de gestionar los impulsos, de tratar a los demás y de tomar decisiones. Comprometernos con la terapia puede ser la vía para encontrar satisfacción y sentido a la vida. Es muy útil.

Para las personas con una gran autodisciplina, algunos métodos terapéuticos autónomos llegan a funcionar sin la ayuda de un profesional. Eso pone de manifiesto que la terapia no es solo una conversación. Entendida como una guía elaborada a partir de leyes científicas y filosóficas, la terapia consiste en plantearnos cosas para formarnos una idea honesta de quiénes somos y quiénes queremos ser.

Hablar es una parte de la terapia, pero no es la única. Tiene que haber más. Limitarse a hablar de un problema grave de conducta, un estado de ánimo y una actitud es igual de útil que hablar sobre un brazo roto. Hay que ahondar más: definir qué supone un problema, identificar qué es y qué no es un problema para uno mismo y asumir, a veces con incomodidad, por qué uno siente ciertas cosas o cae en conductas concretas. En la terapia hay que enseñar al cuerpo a aceptar el malestar. De esta forma, podemos valorar mejor qué parte de lo que sentimos es una respuesta a una amenaza real y qué parte es únicamente una reacción arraigada a la estimulación. Por último, la terapia nos obliga a tomar medidas para mejorar. Y eso también puede ser incómodo, incluso aterrador. La terapia es un proceso híbrido para ayudar a sentirnos, comportarnos y reaccionar mejor a las cosas. Debe tener un objetivo, debe aplicar un método o una teoría y debe propiciar un progreso regular. La terapia es una mejora evidenciada por nuestros actos.

El método terapéutico más usado actualmente es la terapia cognitiva conductual (TCC). Es la forma más investigada y estudiada de psicoterapia y sus resultados se han medido cuantitativamente y han superado criterios objetivos. Y lo que es más importante, sus efectos suelen ser más positivos que los de otras técnicas.[1] La TCC se enraíza en el consenso actual sobre el funcionamiento físico del cerebro (neurociencia) y sobre los motivos por los que nos sentimos y comportamos del modo en que lo hacemos (psicología). No es perfecta ni completa, pero hay mucha gente que hoy vive una vida más próspera y feliz porque probó la TCC y perseveró hasta que logró mejorar. Profesionales y expertos debaten sobre distintos pormenores de este método, pero lo que nos importa a nosotros es si puede ayudar, y está claro que sí. La TCC, a menudo unida a la medicación, puede aliviar muchos problemas psiquiátricos comunes y desagradables, algunos de ellos relacionados con la dopamina, como son la depresión, el pánico, la ansiedad, las fobias, el trastorno bipolar, la bulimia, el trastorno obsesivo-compulsivo y el trastorno de estrés postraumático.

Puedes intentar la TCC por ti solo, pero hacerlo sin orientación no es recomendable para todo el mundo, ni para todas las dolencias. Si tienes una depresión tan grave que no eres capaz de salir de casa ni de ir a trabajar, probablemente hacer terapia sin ayuda sea una carga excesiva. Pero si sufres síntomas leves o moderados de depresión o ansiedad, o si eres capaz de identificar con claridad los comportamientos y sentimientos que quieres cambiar (y estos no te impiden totalmente vivir), es probable que encuentres mucha ayuda en un libro o un programa virtual de TCC.[2]

Para poner en práctica la TCC, vas a hacer un análisis metódico de cómo piensas y cómo te sientes. A partir de tus conclusiones, vas a proponer conexiones entre tus creencias y los motivos por los que las tienes, lo cual te ayudará a decidir si merece la pena seguir aferrándote a ellas. Vas a practicar la identificación y la clasificación de tus pensamientos. Vas a buscar y encontrar conexiones entre esos pensamientos y los sentimientos que los acompañan. Una de las cosas más útiles de la TCC es comparar esos pensamientos con la realidad y, luego, intentar reemplazar las ideas erróneas con otras verdaderas.

Te voy a presentar una manera de hacerlo que, encima, es fácil de recordar: vamos a llamarla «posibilidad versus probabilidad». Por ejemplo, existe la tendencia habitual e inquietante a pensar que la persona que llega tarde a una cita ha tenido un accidente. Aunque cabe esa posibilidad, es más probable que tu amigo haya tenido un imprevisto menos funesto. Vamos a pensar con qué frecuencia sufrimos accidentes y cuándo llegamos tarde por alguna tontería. ¿Qué es más plausible?

Otro ejemplo es cuando crees que no estás logrando algo por mala suerte. En realidad, seguramente puedas analizar tu conducta y tus circunstancias e identificar causas concretas de tu fracaso, así como formas de corregir la situación.

Para quienes busquen un método más personalizado para superar el problema de la dopamina, contratar a un terapeuta contrastado es una gran opción. Con la pandemia y con el auge de las videollamadas con profesionales médicos, hay una oferta de psicólogos mayor que nunca, y muchas veces a un precio más económico. Un profesional comprometido responderá a tus preguntas y te guiará en tu viaje de autoconocimiento. También es alguien ante el que rendir cuentas, y esa es otra garantía de que vas a hacer el gran esfuerzo que requiere la TCC.

Aunque es cierto que entender el papel de la dopamina en los problemas que vas a afrontar te ayudará a sacar más de todo esto, tampoco es que la terapia dependa de tus conocimientos en neurología. La cuestión es que el conocimiento te dará una ventaja a la hora de reflexionar seriamente sobre tus impulsos y motivaciones. La dopamina es una piedra angular del deseo, el instinto, la recompensa y el placer, y la TCC abre un camino para obtener un mejor control sobre todo ello.

Aceptación y compromiso

No existe el mal tiempo. Lo que hay es una mala elección de indumentaria.[3]

Billy Connolly, cómico

La TCC se basa en la idea de que, si entiendes las razones por las que piensas y actúas de una forma concreta, serás más capaz de cambiarlas. La terapia conductual tradicional da por hecho que todos los comportamientos son adquiridos, así que los podemos cambiar aprendiendo otra cosa sin analizar nuestras motivaciones de base. Ambas terapias presumen de un éxito considerable, aunque la TCC se utiliza mucho más.[4] Pero hay otra filosofía que está ganando terreno, una filosofía que, como observa Billy Connolly, antepone cambiar nuestra reacción a cambiar nuestra situación.

En los años ochenta, Steven C. Hayes, un profesor de psicología de la Universidad de Nevada en Reno, propuso la terapia de aceptación y compromiso (cuyas siglas en inglés, ACT, se leen como el verbo *actuar*). Su terapia incorpora elementos de la TCC y de la terapia conductual tradicional. En lugar de identificar pensamientos y sentimientos perturbadores para luego ayudar a los pacientes a entender su origen y adquirir herramientas para eliminarlos, la ACT nos anima a aceptar algunos sentimientos desagradables como parte de un estado emocional sano. De hecho, sostiene que en muchas situaciones nuestra incomodidad es natural. Por lo tanto, nos irá mejor si aprendemos a aceptar esos sentimientos para vivir en paz.[5]

Este método es especialmente útil para los sentimientos que despierta la dopamina. ¿Por qué? Porque no podríamos funcionar sin la motivación de esa molécula, aunque muchas veces nos provoque dificultad y dolor. Nuestros intentos por ahogar la motivación dopaminérgica están condenados al fracaso, porque esa motivación es clave para muchas cosas que no son nada problemáticas y son necesarias para la vida. La ACT ayuda a nuestra mente a hacerse a la idea de que no todas las incomodidades tienen que eliminarse sí o sí. Algunas, incluidas muchas que alimenta la dopamina, forman parte del yin y el yang de la vida. Gracias a la ACT, encontramos un modo de asimilar esta verdad y progresar.

Pongamos que compro una casa con un poste en medio del sótano y, por culpa de ese poste, no puedo usar el espacio como una sala de juegos. Tengo varias opciones:

- Descubrir qué hace ese poste allí. Quizá sostiene el peso de la casa. Tal vez antes era un contrafuerte, pero ahora ya no es necesario. Igual es decorativo. O puede que sirva para algo en lo que todavía no he pensado. Pero, sea lo que sea, tendré que llamar a un arquitecto o al menos a un carpintero para saberlo. Tendré que invertir tiempo y recursos, pero una vez que sepa la verdad, encontraré una forma de librarme del poste. O tal vez no.
- Sacar el poste sin plantearme qué hace ahí. Eso puede acabar bien o mal. Quizás consiga la sala de juegos que quiero o quizás haga la reforma y, al cabo de un tiempo, descubra otros problemas, como que el salón se hunde sobre mi nueva mesa de billar.
- Aceptar que el poste forma parte de la habitación. Entender que era parte de la estructura necesaria de la casa. Buscar formas de aceptar su presencia. La ventaja de esta opción es que puedo empezar a usar el espacio enseguida, aunque tal vez no pueda hacerlo como había previsto en un principio.

La primera es como la TCC: vamos a tomarnos un tiempo para averiguar por qué hay un problema y luego actuaremos en consecuencia. La segunda es la terapia conductual tradicional: no quiero perder tiempo ni esfuerzo en descubrir qué hace allí ese poste. Es posible que tampoco vayamos a dirimirlo, así que me deshago de lo que me molesta y sigo adelante, aceptando que puede haber consecuencias indeseadas. La tercera es la ACT: el poste es una parte indisociable del espacio. Vamos a aceptarlo y a vivir en consecuencia. Si lo hacemos bien, pasado el tiempo, tal vez no seamos conscientes del problema. Es posible que ni siquiera lo veamos como un problema.

La ACT posee cualidades únicas y prácticas que la hacen atractiva a los que intentan resolver problemas con la dopamina. Lo que la hace más recomendable es que intenta ayudar a la gente a sentirse mejor *ipso facto*: la ACT pone el foco de inmediato en intentar mejorar nuestro estado de ánimo modificando nuestra conducta. No hay que esperar a que nos hayamos deconstruido profundamente para identificar alguna experiencia incómoda y desligarla de nuestra conducta. La TCC nos exige identificar y rechazar ideas que influyen en nuestra vida. Aunque es un método muy potente, requiere mucho tiempo. La ACT se funda sobre nuestra propia mentalidad y nos empuja directamente hacia el resultado que deseamos.

No todo el mundo es apto para la ACT. Con esta terapia debes aprender a vivir con un malestar que tal vez consideres culpa de otros. Hay personas que no son capaces de hacer eso. Tal vez a esas personas les convenga más la TCC o la terapia conductual, dado que ambas siguen un método problema-solución que nace en el origen del malestar. La ACT parte de la idea de que vivir es experimentar muchos sentimientos y que no todos son agradables. Su tesis es que aceptar esa variedad es esencial para hallar una mayor satisfacción y un mayor sentido, así como más felicidad en el día a día.

¿Por qué nuestra prioridad es ahondar en los problemas? ¿Por qué a veces preferimos buscar culpables antes que hallar alivio? He aquí una teoría. La tecnología genera progreso pidiéndonos identificar un problema y luego extraer una solución. Este método es tan generalizado que ya no solo se aplica en contextos donde funciona, sino también en sitios donde no: como la mente. Hoy, muchos de nosotros interpretamos cualquier tipo de malestar como un problema que necesita solución; una idea nueva que nos arrastra a un conflicto perpetuo con los demás y con nosotros mismos.

«[C]on cada avance científico y tecnológico, se fortalece una mentalidad basada en la discrepancia, mientras que nuestra capacidad para vivir en el presente, prestar atención y ser flexibles se debilita —escribió Steven Hayes en 2009—. Sin embargo, como ente cultural, parecemos adictos a la idea de que las emociones humanas "negativas" se tienen que arreglar, gestionar o cambiar. No hay que experimentarlas como parte indisociable de la vida. Estamos tratando nuestra vida como un problema que resolver, como si pudiéramos barajar nuestras experiencias y escoger aquellas que nos gustan y descartar el resto.»[6] La ACT promete un camino más corto para sortear ese escollo y enriquecer nuestra vida. Aunque nos obliga a aceptar las dificultades, el beneficio suele ser una experiencia más gratificante de emociones y puntos de vista, más empatía y una mayor tolerancia de los defectos propios y ajenos. La ACT nos anima a encontrar el sentido en cualquier experiencia y nos disuade de entronizar el placer y el confort por encima de todo. Nos enseña que una vida satisfactoria es mucho más que placer, del mismo modo que una dieta saludable es mucho más que comer dulce.

ACT: LAS SEIS HABILIDADES

La ACT se basa en seis habilidades que promueven la flexibilidad psicológica a la hora de experimentar, procesar, planificar y reaccionar. Igual que la flexibilidad física, adquirimos esas capacidades mediante la práctica y el ejercicio (mental). Algunos pasos nos preparan para lidiar mejor con la anticipación. Los otros nos ayudan a apreciar más el aquí y el ahora. Juntos, generan armonía entre nuestra aceptación de los sentimientos actuales y nuestro deseo por las cosas futuras. Nos ayudan a lograr el equilibrio necesario para abordar de manera constructiva los problemas derivados de la dopamina.

La primera habilidad es la aceptación. Cuando estaba estudiando la carrera de Física, lo primero que me enseñaron fue a hacer una lista de todos los hechos confirmados, al margen de mi opinión sobre ellos y de su aparente utilidad. Eso es lo que hacemos en este paso: procuramos asimilar lo que sentimos para conocernos más a fondo y sin sesgos. Hay que admitir los sentimientos difíciles igual que asimilamos el placer. Hay que reconocer cuándo estamos negando, ocultando o evitando sentimientos. De esta forma, empezamos a aprender a vivir el mundo tal y como es, a fin de poder construir la vida interna que queremos.

La segunda habilidad es la desactivación cognitiva. Debemos ser capaces de separar nuestros sentimientos de nuestra reacción a ellos. Esto nos obliga a analizar escrupulosamente lo que sentimos en momentos incómodos e incluso dolorosos, algo que no hacemos de manera natural. Pero si aprendemos a hacerlo, ya no nos dejaremos consumir por el miedo y podremos elegir en cada momento cómo respondemos a las emociones.

Pongamos que estás conduciendo por la carretera y estalla una tormenta perfecta. Tu primera reacción es puro sentimiento: *Me cuesta controlar el coche. La carretera resbala y no veo bien. Me estoy poniendo nervioso, y eso me lo está poniendo todavía más difícil.* Pero al cabo de un momento se te ocurre otra cosa, un pensamiento que no es visceral, sino una reflexión: *Es un chubasco. La lluvia hace que el asfalto resbale, así que mis reflejos tienen que ser los que la situación requiere.* Con esta valoración, puedes decidir bajar el ritmo, detenerte o seguir conduciendo con más cuidado.

Los sentimientos intensos son una respuesta natural al estrés, pero no tienen por qué ser la reacción por defecto. En lugar de ligar la experiencia de la lluvia a nuestra reacción, podemos separarla o desactivarla. La lluvia es un estímulo. Nuestra respuesta a ella es la reacción. Vamos a separar ambos fenómenos: si el sentimiento nos invade, paremos un segundo para recordar que podemos decir que no a las reacciones inmediatas e irreflexivas. Ya nos hemos ayudado a nosotros mismos. Primero, nos hemos dado un tiempo para observar con sangre fría. Después, nos hemos equipado mejor para dar con una respuesta racional. La desactivación cognitiva permite un tira y afloja entre el procesamiento del aquí y el ahora en el momento de la estimulación, por un lado, y la capacidad dopaminérgica para el cálculo, por el otro.

La tercera habilidad es saber observar. Eso es lo que hacemos en el lapso de tiempo que transcurre entre el estímulo (*¡La carretera resbala!*) y la decisión que tomamos después de reflexionar (*¡Frena!*). Esa respuesta racional corre a cargo del yo observador.

Tal vez sea el resultado de un razonamiento simple, como decidir frenar porque la carretera está mojada. La cuestión es que ya es más que una respuesta irreflexiva. Pero ante algunos problemas, el proceso es más profundo y más personal. En esos casos, procesamos emociones y hechos, ideamos líneas de acción y, luego, viajando mentalmente en el tiempo, barajamos los posibles resultados. Entonces, lo sopesamos todo a la luz de la autoimagen a la que aspiramos. Por último, tomamos una decisión que encaja con quiénes somos y quiénes deseamos ser.

Imaginemos que estoy hablando con alguien de política y esa persona pierde las formas para dedicarme una sarta de insultos e injurias. Vamos a imaginar también que últimamente he aprendido bastante a separar los estímulos de las reacciones y que sé ceder las riendas de ese *impasse* al yo observador; en un momento de estrés, tengo la capacidad de distanciarme de mis emociones y elegir una reacción menos impulsiva. Tengo en cuenta los hechos, mis auténticos sentimientos y cómo casan las diferentes reacciones con la imagen que tengo de mí mismo.

Si entre las cosas que opino de mí mismo está «ser una persona de mente abierta», «tener bastante paciencia» y «querer aprender cosas nuevas», sabré ignorar los insultos, cuestionar la manera de debatir de mi interlocutor o pedirle que pare. También puedo decidir que hay excepciones a mi forma de ser y optar por marcharme. O podría sucumbir a una reacción totalmente diferente. Lo fieles que somos a nuestro autoconcepto es un reflejo de lo fácil que nos resulta cambiar, para bien o para mal.

Elijamos lo que elijamos, el trabajo del yo observador es casi siempre mejor que una reacción impulsiva. Cuando anteponemos el análisis emocional a la propia emoción, tomamos mejores decisiones. Podemos llamar a eso la satisfacción del autocontrol. El yo observador nos permite cotejar nuestros deseos para el futuro con lo que nos parece urgente ahora mismo. Es un ejercicio que consiste en usar productivamente nuestras mejores cualidades dopaminérgicas en conjunto con cómo nos sentimos en el aquí y el ahora.

La cuarta habilidad es vivir en el presente. No hay que confundirla con saber reconocer los sentimientos como tales y procesarlos con un cierto desapego mental. Esta habilidad se refiere a lo que algunos llaman «atención plena», o *mindfulness*. Yo hablo de la habilidad para concentrarnos y vivir una experiencia en el momento en que esta tiene lugar, en vez de atenuar el aquí y el ahora para regodearnos en un recuerdo pasado, o rendirnos a la naturaleza dopaminérgica para escapar del estrés del presente e imaginar una posibilidad futura más agradable.

En algunas situaciones es más fácil que en otras. Cuando estás disfrutando del sexo, estás bastante centrado en el aquí y el ahora sin ni siquiera tener que esforzarte. Otras experiencias nos exigen un gran denuedo. Incluso a los padres más atentos les cuesta seguir escuchando cuando el coro de su hijo adolescente lleva una hora y media de concierto. Pero cuando hacemos el esfuerzo de vivir lo que sucede a nuestro alrededor con nuestros sentidos, nos condicionamos para observar de manera más natural, y eso nos prepara para tomar mejores decisiones sobre cómo queremos reaccionar en un momento dado y cómo queremos vivir en general. También nos brinda el mejor regalo de todos: más capacidad para saborear las cualidades inefables que definen la experiencia de la consciencia y la vida.

Las dos últimas habilidades se centran sobre todo en la planificación dopaminérgica.

La quinta habilidad es la identificación de valores. Cuando somos honestos con nosotros mismos sobre cuáles son nuestros valores, es más probable que nuestro día a día concuerde con nuestro autoconcepto. Esto aumenta nuestra satisfacción vital y lleva a sentimientos y resultados más consistentes y satisfactorios. Hay que entender la identificación de valores como el motor de nuestras aspiraciones: tal vez no siempre vivamos conforme a nuestros sueños, pero más o menos sabemos a qué aspiramos. De las seis habilidades, esta es la que más depende de la dopamina. Nos obliga a manejar abstracciones, imaginar diferentes escenarios futuros y calcular posibilidades basándonos en modelos elaborados de lo que podría ser.

La sexta habilidad es el compromiso de actuar. Si la identificación de valores es la manera de encontrar el rumbo deseado, el compromiso de actuar es lo que te permite llegar hasta allí. Se acabó tanto pensar y planificar. Es la hora de actuar, de cumplir tus intenciones con arreglo a los planes y cálculos dopaminérgicos que has hecho. Hasta este paso, los planes que has trazado no se hacen realidad. También es en este paso de la ACT que las personas con altos niveles de dopamina pueden caer en la tentación de rehacer sus planes en lugar de llevarlos a cabo; por lo tanto, es un buen momento para recordar que no progresarás si permites que el perfeccionismo te zancadillee. Es mejor actuar e ir adaptándote que dudar de ti por culpa de nuevas ideas e informaciones. Mejor pulir tu plan sobre la marcha que dejar algo para las calendas griegas.

Los objetivos de la ACT y de estas seis habilidades son los siguientes: (1) liberarnos de conductas puramente reactivas; (2) mejorar nuestra capacidad para reconciliarnos con barreras insuperables; y (3) acercarnos al camino que conduce a nuestros objetivos. Así viviremos de forma más fiel a las intenciones vitales que nos hemos propuesto.

Una idea general detrás de todo

Existe otra filosofía terapéutica que merece la pena valorar: la logoterapia, proveniente del griego *logos*, que significa 'sentido'. La logoterapia nació en los años cuarenta. Su ideólogo fue el psiquiatra austríaco Viktor Frankl, que afirmó que nuestra principal motivación es la necesidad de encontrar un sentido. Las ideas de Frankl constituyen un método y un marco terapéuticos en sí mismas, pero lo más habitual es que se utilicen como una capa adicional para enriquecer otros métodos. Las ideas de Frankl potencian especialmente la ACT, que nos insta a cambiar las cosas que podemos cambiar (gran parte de las cuales están dentro de nosotros mismos) y a aceptar las que no.

Sigmund Freud dijo que a los humanos nos motiva la voluntad de hallar placer. Su contemporáneo Alfred Adler, que no es tan conocido pero que ha tenido más influencia que Freud en terapias modernas como la TCC, afirmó que nos motiva la voluntad de acumular poder: la necesidad de sobreponernos a la sensación de inferioridad contra fuerzas externas e internas. Estas ideas se estaban convirtiendo en los cimientos intelectuales del siglo xx, pero Frankl propuso otra teoría. Cuando fue liberado de un campo de exterminio nazi, este pensador austríaco usó su formación médica y psicológica para buscar sentido a lo que había vivido durante el Holocausto, y reflexionó sobre la actitud que él y otros habían empleado para sobrevivir. A raíz de ese análisis, Frankl articuló hipótesis sobre la naturaleza humana que muchos consideran tan esenciales como las tesis principales de Freud o Adler respecto de la motivación humana. Frankl postuló que nuestra motivación principal no es el placer ni el poder, sino una voluntad innata de atribuir sentido a nuestras vidas. La incorporación de las ideas de Frankl resulta muy eficaz para personalizar un tratamiento psicológico.

Para los que tuvieron la valentía intelectual de reconocer la valía de Frankl en una época en la que Freud estaba causando sensación, la logoterapia permitió tremendos avances en la labor terapéutica. En concreto, Frankl amalgamó una visión analítica de la mente con la valoración racional de la tendencia humana hacia la espiritualidad y la religión.

Frankl amplió las vías para ayudar a la gente a sentirse mejor. Si tienes en cuenta lo que sabes sobre la dopamina, entenderás por qué. Freud y Adler pensaban que nos motiva buscar cosas que nunca se pueden poseer del todo: la estimulación del placer y la seguridad del control. Los humanos las logramos intentando conquistar elementos del mundo, una expedición dopaminérgica que nos devuelve inevitablemente a un estado de infelicidad. Frankl pensaba que lo que nos motiva es la voluntad de encontrar sentido, y eso no se halla solo al final del camino dopaminérgico sino durante el mismo.

He aquí una idea fantástica con mucho potencial: lo que nos motiva es la voluntad de encontrar sentido, y eso no se halla solo al final del camino dopaminérgico sino durante el mismo.

Si asumimos que la mente funciona de esta manera, quizás podamos reconciliar holísticamente e incluso revertir buena parte del malestar que genera la propia vida, incluyendo la insatisfacción provocada por el impulso dopaminérgico. Frankl sabía que eso que tú y yo llamamos «persecución dopaminérgica» nunca aporta satisfacción. Incluso citaba *El ocaso de los ídolos* de Nietzsche: «Aquel que tiene un porqué en la vida es capaz de soportar casi cualquier cómo».

Buscar sentido no es una forma de distraernos para no mirar al vacío. Lo que permite es aceptar el vacío y avanzar por la vida sabiéndolo. Teniendo eso en mente, la función del terapeuta pasa a ser ayudar al paciente a abordar la pregunta fundamental: ¿cuál es el sentido de tu vida?

Frankl subrayó que el terapeuta no tiene ningún derecho a dictar el sentido. De hecho, dijo que era imposible hacerlo, porque el sentido es singular y subjetivo y se adapta con el tiempo. Según él, un pintor nos enseña su visión del mundo, pero un terapeuta no debería ser como un pintor. La tarea del terapeuta se parece más a la del oftalmólogo, que quiere que veamos el mundo tal y como es. La logoterapia nos muestra una manera de sentirnos realizados a través del sufrimiento, y el sufrimiento es precisamente lo que motiva a muchos a ir a terapia. La logoterapia nos ayuda a encontrar una razón para construir algo a pesar de que la vida es finita. Y utiliza nuestro sentido de culpa para ayudarnos a saber cuándo estamos actuando en contra de nuestros valores. Lo hace para incentivarnos a seguir un camino vital más lleno de sentido. Así pues, no perdemos la esperanza y seguimos buscando el sentido ante lo que Frankl llamaba el «optimismo trágico», enriqueciéndonos personalmente pese a la inevitable erosión del dolor, la muerte y la culpa.[7]

Nos contamos historias a nosotros mismos y los unos a los otros, relatos que nos ayudan a gestionar nuestros sentimientos y problemas. Un relato inspirado en la logoterapia nos infunde ánimo para afrontar una vida entera de desafíos, al enseñarnos a encontrar la fuerza identificando nuestras propias limitaciones. Esa puede ser la clave de la gloria y de nuestra alegría, incluso en las peores circunstancias.

Otra clase de terapia que no es para todo el mundo

Yo doy una asignatura de posgrado en oratoria. Doy clases y organizo debates, pero lo más importante son los deberes que pido. Cada semana todos los alumnos eligen un tema, preparan el material previamente y luego dan una charla de seis minutos delante de toda la clase. Nunca saben cuándo les va a tocar. Si pronuncio su nombre, tienen un minuto para meterse en el papel y preparar las diapositivas, pero luego deben empezar a hablar.

Es una situación que impone. Cada semestre hay alumnos que se desapuntan el primer día. Pero, para los fieles, la recompensa no se hace esperar. El día después de su primera presentación, suelo recibir mensajes de satisfacción de mis alumnos. Esto me mandaron hace poco: «Me da un miedo atroz hablar en público. Después de la clase lo he perdido un poco». Afrontar una situación estresante es el primer paso para lidiar con ese estrés, y también para recuperar el control sobre conductas indeseadas.

Cuando abordamos nuestros miedos de frente, podemos mejorar enseguida nuestra conducta, sobre todo, cuando aquello que nos asusta no supone una amenaza física. A esto se le llama terapia de «exposición». Una manera de usar la terapia de exposición es el progreso gradual. Si te da miedo conducir por encima de un puente, empezarías cruzando uno muy cortito y luego pasarías a otros cada vez más largos. La segunda versión de la terapia es mucho más rápida y se llama «inundación». En dicho caso, comienzas con la versión más intensa de tu miedo y la vives íntegramente durante un tiempo prolongado. Por ejemplo, si optaras por esta técnica, irías derecho al puente del lago Pontchartrain de Luisiana, que con sus 38 kilómetros es el más largo de Estados Unidos. Si eres capaz de cruzar ese, puedes cruzarlos todos. Tanto en la exposición gradual como en la inundación, la técnica es experimentar el miedo para poder hacer la reflexión de que ese miedo es imaginario, no real, y que la sensación desagradable solo es eso, una sensación, y no un reflejo de una amenaza real. No hay que intentar resistirse a ella ni huir. Si te acompaña un terapeuta o una persona de apoyo, esa persona solo observa.

La inundación causa estrés y no es para todo el mundo, pero el resultado es fantástico: en general, funciona rápido. Algunos pierden su miedo tras una sola sesión, aunque normalmente hay que hacer —o viene bien hacer— más sesiones de refuerzo, dado que los esfuerzos subsiguientes afianzan esa nueva capacidad. La experiencia de la inundación puede acabar por reiniciar el sistema corporal de lucha o huida. Cuando eso ocurre, esa situación que antes era una concatenación indistinguible de sentimiento y reacción automática se convierte en tres experiencias: la emoción de la exposición, el procesamiento del yo observador y la reacción fría. Te das cuenta de que, a pesar de tu miedo, no has sufrido ninguna calamidad. (Recuerda que hablamos siempre de miedos que no son peligrosos.) Otra ventaja es que vives esta experiencia mientras estás dentro de la panza del lobo o de lo que tú creías que era un lobo. Esta gran epifanía, que ocurre en un momento de tremenda emoción, puede condicionar en un pispás tu mente para que simplemente inhiba el pánico o la obsesión cuando vuelvas a afrontar esa cosa que te da miedo.[8] Así nos libramos de la sensación —a veces muy deprisa— desproveyéndola de su efecto motivador.

Hay una variación de la terapia de exposición, la terapia de exposición a estímulos, que se suele usar para comportamientos adictivos o algunas compulsiones, y hay personas a las que les ha resultado útil para otras complicaciones dopaminérgicas. La idea es romper la unión entre un estímulo negativo y una respuesta indeseada. Con el tiempo, aplicando esta técnica podemos debilitar o directamente eliminar la asociación.

Vamos a dar un ejemplo simple. Imagínate que se ilumina la luz de encendido de la Xbox y eso te genera una necesidad imperiosa de jugar a un videojuego. Sin embargo, sabes que te convendría más dedicar ese tiempo a un proyecto del trabajo que tienes que entregar en unas pocas horas. Déjate avasallar por el poder seductor de esa actividad. Que te invada ese sentimiento. Cuando lo haya hecho, deberás seguir tres pasos.

1. Comprometerte a sobrellevar el sentimiento, a hacer de tripas corazón. Eso pasa por asumir que ese sentimiento remitirá y por aceptar la incomodidad de la experiencia del aquí y el ahora recordándote que es solo un sentimiento y que no hay ninguna amenaza.
2. Eso te será más fácil llevando a cabo el segundo paso: usar estrategias como relajarte, distraerte y hacerte preguntas directas sobre el valor de las ideas inservibles o descorazonadoras.
3. Una vez logrado todo eso, hay que pasar al tercer paso: activar el yo observador. Ejercer la atención plena. Valorar lo que quieres en el momento y compararlo con los objetivos últimos de tu conducta. Así, no solo pensarás en la razón y en los hechos, sino también en tus aspiraciones, tu autoconcepto y

tus valores. Obtendrás el control sobre un momento estresante parándote a considerar seriamente lo que quieres para ti y cómo conseguirlo.

En el ejemplo de la Xbox, empezarías aceptando la sensación desagradable: *Quiero jugar, pero voy a intentar no hacerlo. Hay un dilema entre lo que deseo ahora y lo que deseo a la larga. Es un rollo, pero es solo una sensación. Lo peor que puede pasar es que me desanime. Aquí no hay peligro alguno.*

Luego, usa estrategias para que esa frustración sea más fácil de manejar. Por ejemplo, intenta la «respiración del cuadrilátero»: cierra los ojos, inspira por la nariz durante cuatro segundos, aguanta la respiración otros cuatro segundos y luego exhala por la boca durante cuatro segundos. Espera un poco y luego repítelo cinco veces más. Otro truco es la relajación muscular progresiva: ponte cómodo y empieza a tensar y relajar los músculos, un área tras otra, empezando por los dedos de los pies y subiendo poco a poco hasta el rostro. Al final, verás lo destensado que tienes el cuerpo en comparación con cuando empezaste. Además, fíjate en que seguramente la situación te genere menos estrés.

Ahora que has comenzado a desligar tus sentimientos de tu reacción, avanza al tercer paso: piensa por qué estás decidiendo no jugar ahora. Haz una lista mental de las ventajas de no jugar, y lo que podrías hacer con ese tiempo. Imagínate a ti mismo en un momento futuro después de haber decidido no jugar. ¿Estarías orgulloso? ¿Feliz? ¿Frustrado? ¿Satisfecho?

Una vez que ha remitido la sensación causada por el detonante, reflexiona sobre toda la experiencia y anota las cosas que hiciste y que te ayudaron a evitar la respuesta indeseada. Tampoco hay nada que te impida animarte un poco; tu esfuerzo ha ayudado a erosionar la conexión entre el detonante y la conducta no deseada, y eso te permitirá evitar esa conducta más fácilmente en un futuro.

En un estudio de 2021 realizado en Australia, los investigadores trabajaron con un grupo de personas conscientes de padecer un problema grave con las apuestas virtuales.[9] Para ayudarlas a resistir la tentación de apostar con el móvil, los expertos les dieron herramientas para que se prepararan para una situación en las que esa tentación aparecería. Los investigadores trabajaron con los participantes uno por uno para elaborar una lista detallada de experiencias (estímulos) que les daban ganas de apostar. Al hacer esas listas, los sujetos invertían tiempo en pensar en lo que los tentaba y lo que no, clasificando esos estímulos según su intensidad y no solo valorando la experiencia de apostar, sino también el momento previo a la apuesta y la espera del resultado. Después, los investigadores expusieron a los participantes a los estímulos y aumentaron poco a poco su exposición. Los voluntarios tenían que experimentar plenamente las ganas indeseadas de apostar, y tenían que aceptar esa sensación hasta que se acostumbraban a ella. Tras denodados esfuerzos, los seis participantes de ese pequeño pero riguroso estudio mostraron mejoría en su resistencia a las apuestas por internet.

Este estudio, así como otros experimentos realizados tanto dentro como fuera de los laboratorios, sugiere que podemos resistirnos mejor a las conductas indeseadas si antes nos preparamos bien para la exposición a los estímulos. Para ello, debemos empezar identificando las cosas que despiertan ese impulso no deseado y, luego, dotarnos de estrategias para hacerle frente y vencerlo.

Un detalle especialmente prometedor es que este método no exige un sacrificio inmenso. Aunque todos los participantes del estudio mencionado querían superar su problema de adicción a las apuestas, a muchos les parecía poco realista dejar de llevar el móvil encima. Y esos sujetos tuvieron más éxito que los demás a la hora de superar el problema. Dado que no podemos simplemente eliminar las experiencias dopaminérgicas más difíciles de nuestra vida, es alentador pensar que nos irá mejor si aprendemos a convivir con el estímulo —si desgastamos el hábito— en lugar de cortar de raíz cualquier contacto con lo que nos inquieta.

QUÉ TERAPIA ELEGIR: LO ESTÁNDAR ES LO QUE AYUDA

Yo soy científico de formación. Luego me puse a escribir y a enseñar a escribir. Esta combinación me permitió cuantificar ciertos tipos de escritura profesional de manera que cualquiera pueda hacerlo. Pero mi formación como científico me convenció de que necesito una mente abierta porque normalmente hay otros métodos que funcionan igual de bien que el mío. Y eso se aplica a todo.

Si te interesa la terapia, tal vez descubras otro método que no aparece en este capítulo y que, en tu caso, te atrae o te ayuda más. ¡Qué bien! Tu deseo es solventar tus problemas y mejorar. Cualquier cosa que encuentres (y que no te perjudique de ningún otro modo) es un resultado excelente. La vara de medir de un método es su éxito.

Las psicoterapias no son descendientes directas de disciplinas científicas completamente objetivas. Sigmund Freud inventó el psicoanálisis a partir de sus experiencias e ideas personales, no de montones de datos. Alfred Adler creó su método terapéutico de la misma forma. Freud vinculó el comportamiento a la sexualidad y a los instintos violentos inconscientes porque le pareció lógico. Adler subrayó la necesidad de superar el complejo de inferioridad para encontrar el poder como individuos. Estos grandes marcos teóricos se basaron exclusivamente en la observación y el análisis. Es obvio que son herramientas poderosas, pero tampoco cabe decir que sean ciencias exactas incuestionables.

Las tesis postuladas por Freud y Adler no son explicaciones literales de cómo funciona el cerebro (y, si me apuras, tampoco de la mente...). Ahora bien, sí te enseñan cosas si las lees como una metáfora. Y la teoría científica suele ser más útil como metáfora predictiva. En esos casos, el medio de acción no nos preocupa tanto. Por ejemplo, podemos asumir que el Sol gira alrededor de la Tierra o que la Tierra gira alrededor del Sol. Solo una de las hipótesis es cierta, pero ambas te permiten predecir con exactitud que mañana habrá amanecer. La conclusión más impactante y aparentemente anticientífica es que, si algo predice el resultado correcto en una determinada circunstancia, ya nos vale.* Tal vez identi-

* Un amigo mío dice que «la ciencia siempre se equivoca». A lo que se refiere es que las explicaciones que tenemos hoy se irán puliendo

fique erróneamente el medio de acción, si es que identifica alguno, pero, en muchas situaciones, si nuestro objetivo es predecir, reparar o mejorar algo, lo único que necesitamos es un sistema que brinde buenos resultados.

La ACT es un gran sistema para abordar complicaciones dopaminérgicas, pero lo más importante es que te vaya bien a ti. Vamos a poner un ejemplo extremo. Yo tengo un par de amigos que siguen métodos psicológicos alternativos; teorías que, para mí, tienen a lo sumo un ligerísimo fundamento en la ciencia cuantitativa. Siempre que dicen algo sobre el tema, antes añaden la coletilla: «Te parecerá absurdo, pero...». Yo siempre contesto lo mismo: aunque yo no crea en cómo ellos dicen que funciona, eso no quiere decir que no funcione. De hecho, me han contado muchas historias de éxito innegable. Yo siempre negaré que esas disciplinas concuerden con las leyes de la biología humana tal y como las hemos entendido históricamente. No concuerdan. Pero hay muchas cosas en la medicina convencional que no deberían funcionar, pero que producen efectos positivos. La mayoría no las podemos explicar, pero con el tiempo hemos acabado entendiendo algunas. Vamos a pensar en el efecto placebo, en el que un número considerable de pacientes mejoran a pesar de recibir un compuesto inerte como si se tratara de un fármaco eficaz. Estudios recientes demuestran que un placebo adminis-

---

y, con el tiempo, casi todas nuestras ideas sobre cómo funciona el mundo quedarán obsoletas. De ahí que el consenso científico sea a la vez útil y mortal: nos puede llevar a buen puerto, pero, cuando lo tratamos como una verdad incuestionable, rechazamos la ciencia en sí, que no es sino un sinónimo de la indagación racional. *(N. del a.)*

trado en el marco del «protocolo de tratamiento» conocido es especialmente efectivo para gestionar el dolor, el insomnio generado por el estrés y las náuseas, dolencias que suelen estar influidas por las endorfinas, la dopamina y otros neurotransmisores.[10] Si algo te duele, no puedes dormir o tienes náuseas, lo único que importa es tu necesidad de alivio. Si lo que estás intentando no funciona, prueba otra cosa.

A la hora de afrontar problemas con la dopamina o cualquier problema mental o emocional, la mejor terapia no es la que pinta bien sobre el papel, sino la que te funciona a ti. Para encontrar el método indicado, empieza por lo que sea más prometedor según lo que les haya funcionado a otros en tu misma situación. En cuanto a los problemas con la dopamina, probablemente el método más rápido para aliviar los síntomas sea la ACT. Si no te va tan bien como desearías, prueba la TCC. Y si el problema persiste, plantéate acudir a otro profesional de esos campos o busca otros métodos.

Predisposición o disciplina

Una última cosa sobre la terapia: hay que ser honesto con uno mismo sobre los motivos por los que se hace.

Algunos problemas son enfermedades o patologías a las que es mejor responder con un tratamiento formal. Otros, aunque desagradables, son habituales y pasajeros: un moderado estrés matrimonial, dificultades cotidianas de la paternidad, frustración laboral, etcétera. Convertir la terapia en la opción por defecto para casi cualquier complicación terrenal significa renunciar a la valiosa labor de la autodisciplina para crecer como personas. Nos estamos negando la oportunidad de adquirir la resiliencia que necesitamos para afrontar los desafíos normales que la vida nos plantea.

Pide ayuda cuando la necesites, pero también tienes que creer en ti mismo y contar con tus amigos, tu familia, tu fe y tu experiencia. Muchos de nosotros estamos deseando convertir en patología cualquier dificultad, darle un nombre que se traduzca directamente en un tratamiento conocido. Esa tendencia es lógica si nuestra complicación es una cardiopatía o la diabetes, tengas o no tengas la enfermedad. Pero para situaciones que implican sentimientos y comportamientos difíciles, el «diagnóstico» puede ser subjetivo. Y, por si fuera poco, hacer ese diagnóstico es todavía más complicado porque escudarnos en algunas dolencias nos puede granjear simpatías, estatus o atención. Así que pregúntate si realmente sufres una enfermedad que requiere intervención o si solo estás dándole un nombre guay al problema para ahorrarte el esfuerzo de arreglar algo que en verdad tienes la fuerza para cambiar. Dicho de otra manera, ¿estás diagnosticando correctamente la enfermedad o buscas una vía de escape para no tener que hacer lo que menos te apetece hacer: entenderte mejor y adquirir disciplina? Es más fácil decir: «Es que no lo puedo evitar, la verdad... Nací así» que «Tengo que aprender a decir que no».

PARTE III

CÓMO ABORDAR LOS GRANDES PROBLEMAS UNO POR UNO

Para empezar

CÓMO SER UN DOMADOR DE LEONES

En la parte II hemos visto métodos para subir y bajar los niveles generales de dopamina. En la parte III, vamos a dejar atrás este problema de «más o menos» para abordar sentimientos y comportamientos específicos relacionados con la dopamina, y analizaremos maneras de resolverlos para siempre.

La dopamina acarrea problemas (y oportunidades) de muchas formas distintas, así que necesitamos cualquier truco que nos sirva. Imagínate que eres un domador de leones. Al león no se le da muy bien seguir instrucciones, así que tienes que crear incentivos para persuadirlo o incluso para «inducirlo» a hacer lo que quieres. La idea es influir en la conducta del león sin pedirle que cambie mucho su naturaleza, porque en eso tienes las de perder. Así pues, lo distraes, diriges su energía a otros intereses o lo calmas. Así, es más probable que consigas tu objetivo. Lo mismo pasa cuando tratamos de domar la dopamina. Prácticamente lo único que hacemos es encauzar su poder en direcciones más productivas o al menos no dañinas, o, cuando es posible, reducir o elevar su actividad en vías concretas del cerebro.

La gasolina propulsa tu coche, pero también puede destruir tu casa, así que tienes que usarla con cuidado. Con la dopamina, lo mismo. No cabe duda de que es el motor del progreso y la inspiración, pero igual que nos atrae hacia esas cosas, también nos atrae hacia el riesgo y la insatisfacción. Cualquier persona que esté dispuesta a perseverar conseguirá minimizar esas cosas, o en algunos casos eliminarlas, pero la disciplina no es lo más necesario. Respecto a los desafíos de la vida moderna —las citas, el sexo, las redes sociales, la oniomanía, la ludopatía— y a los aspectos impenetrables de placeres como la creatividad y el amor, es imposible domar el poder de la dopamina simplemente porfiando. Para ello hacen falta prácticas nuevas, compromiso y constancia, nuevas mentalidades y al menos una idea muy antigua, como veremos en el capítulo final. Así, tal vez nos sobrepongamos a los inconvenientes de una modernidad maravillosa; inconvenientes que no son sino versiones nuevas de problemas tan arcaicos como la propia humanidad. El resultado puede ser una vida más feliz y satisfactoria. Con sabiduría y esfuerzo, haremos realidad nuestros sueños más ambiciosos.

Varios problemas dopaminérgicos tienen soluciones similares.

Por ejemplo, la ludopatía, las compras por internet o el uso excesivo de las redes sociales se pueden afrontar con estrategias parecidas, como usar herramientas para limitar el acceso o para bloquear contenido y planificar actividades alternativas. Este solapamiento de remedios es una buena noticia: con dominar unas pocas técnicas, aprenderemos a resolver múltiples problemas. Al fin y al cabo, entender las semejanzas entre los diversos problemas nos permitirá reconocer y superar más fácilmente complicaciones comunes relacionadas con la dopamina.

Así y todo, a algunas conductas específicas les conviene más un método personalizado, así que para cada una he adaptado el sistema que deberías aplicar según las particularidades del problema. Muchas de estas útiles estrategias tienen varias aplicaciones, de modo que no estás obligado a dominar tantas.

6

DEVANEOS AMOROSOS

Es solo físico

Durante buena parte de la historia, hemos dejado el amor en manos del superficial estudio de filósofos, soñadores y enamorados. Tal vez fuera lo correcto. El humorista Martin Mull dijo que «escribir sobre música es como bailar sobre arquitectura». No cabe duda de que podemos decir lo mismo de cualquier intento de cuantificar el amor. Ha habido pocos estudios científicos específicos sobre el idilio amoroso, a menos que incluyamos el proyecto de anotar los sentimientos de la gente y llevar la cuenta de los corazones rotos. Ni la curiosidad acerca del amor ni las heridas que el amor deja tras de sí —ni el placer que extraemos de sus diversos deleites— nos enseñan gran cosa sobre cómo actúa. Como dice el enamoradizo personaje que interpreta Paul Rudd en *Virgen a los cuarenta*, «el amor es una almeja misteriosa».

Hay pocas certezas y, entre las pocas que hay, destaca esta: buscamos el amor romántico porque nos impele el instinto de reproducirnos. Esta motivación principal se suele enterrar bajo un montón de sentimientos que no están relacionados, pero esa sigue siendo la idea básica. Y aunque el amor no está completamente ceñido por la biología,* es un pésimo error pensar que podemos silenciar del todo el papel que la naturaleza desempeña en esto (sea cual sea). Nuestras experiencias conforman un bucle de realimentación pensado para modificar nuestra conducta y ayudarnos a buscar el amor romántico, que dimana de «un antiguo cóctel de neuropéptidos y neurotransmisores».[1] Viendo cómo nos impulsa de manera insaciable hacia lo novedoso, la dopamina encabeza esa lista.

La biología marca el punto de partida de la conducta porque es la naturaleza del cuerpo la que determina qué sentimientos son posibles y cuáles no. Por ejemplo, no podemos desactivar el imperativo de sobrevivir, si bien en circunstancias extremas podemos armarnos de valor para inhibirlo un instante, como hacen los padres que sacrifican su vida por la de su hijo. La biología abre el abanico de deseos, aficiones, gustos y disgustos que podemos conocer. La experiencia retoca esa lista, pero aun así esta sigue limitada por lo físico: nos gustan cosas que saben, huelen, sienten, suenan o pintan «bien», dependiendo de la definición de «bien» que nos proporcionen nuestros sentidos, que son sondas del mundo físico limitadas por la biología. ¿Cómo se coordinan nuestras preferencias con el imperativo biológico? ¿Quién manda, por qué y cuándo?

* Tal vez lo esté. «Al final, a medida que se perfeccione la tecnología de resonancia magnética, [...] podría acabar resultando obvio que estamos ante una mera pieza de maquinaria, un ordenador químico analógico que procesa información del entorno.» De Tom Wolfe, «Sorry, But Your Soul Just Died», *Forbes*, 1996. *(N. del a.)*

El amor romántico forma parte de la condición humana, y lleva mucho tiempo formando parte de ella. Durante una época, los expertos pensaron que el amor romántico era un fenómeno relativamente nuevo, aparecido en la Edad Media, pero un estudio de 1992 que sigue muy vigente descartó lo que los antropólogos Ted Fische y William Jankowiak llamaron «pasado sin apego».[2] Los investigadores hallaron que el idilio amoroso es una parte inherente de la condición humana independientemente de donde vivas, por más que la experiencia varíe según la cultura. Por ejemplo, en los países asiáticos se suele describir el amor en términos más negativos que en Occidente, tal vez porque el orden de prioridades es diferente y se priman más las obligaciones sociales y comunitarias. También hay que tener en cuenta la relación entre el amor y el matrimonio. En países donde el matrimonio concertado es la norma, la idea es que el amor debe aparecer (si es que aparece) después de la boda, no antes.[3] Los tiempos cambian, pero la naturaleza de un ser vivo no suele cambiar. Esa es otra razón para respetar el papel de la biología. Si entendemos el amor en este contexto y entendemos el papel de la dopamina en el amor, aprenderemos a velar por que las relaciones sigan siendo vitales, a gestionar mejor los desamores y a domar el amor romántico.

Los tres componentes del amor

La antropóloga Helen Fisher describe tres categorías que, con varias combinaciones y a veces por sí solas, representan todas nuestras maneras de experimentar el amor.

La libido, o el deseo sexual intenso, suele ser un componente importante del amor romántico (que se distingue del que sentimos por nuestros parientes y amigos), sobre todo, al principio de una relación. Los neurotransmisores más importantes de la libido son la testosterona y los estrógenos, que regulan la función sexual e influyen en el deseo de hombres y mujeres, respectivamente.

La atracción, o el deseo de conectar o conocerse más, es un rasgo de todas las clases de amor y es una piedra angular del amor romántico. Los neurotransmisores más importantes de esta categoría son la norepinefrina, que contribuye al estado de alerta y la excitación, y la serotonina, que afecta a muchas funciones básicas como la memoria, el miedo e incluso la temperatura corporal. El otro neurotransmisor relevante de la atracción es la dopamina, dado que la atracción es una expresión tanto de la dopamina del deseo (el ansia) como de la dopamina del control, que nos brinda la capacidad de usar la razón para decidir si deberíamos seguir adelante.

El apego es la sensación de conexión que se tiene con otra persona. En el apego influye la oxitocina, que es fundamental en el embarazo, el parto y la lactancia, y afecta a la confianza y la relajación.

Los distintos tipos de amor son combinaciones diferentes de estas experiencias. Yo siento atracción y apego por mis amigos, pero probablemente no libido. Si una noche nos tomamos unas copas en un bar y nos invade la melancolía, podemos sentir libido y atracción por una persona desconocida, pero seguramente no sentiremos apego. Yo puedo sentir libido y apego por una pareja en un momento de inseguridad, pero es posible que la atracción no tenga nada que ver.

Todos estos aspectos también existen por sí solos: la libido que me impulsa a llamar a un ligue en vez de esperar al príncipe azul; el apego que mantiene unida una relación larga, convertida en una transacción y una cosa segura; o la atracción eterna que sentimos por esa historia que pudo ser y no fue. En lo que atañe al amor romántico, la combinación más saludable es la de los tres fenómenos. La libido y la atracción aparecen más o menos al mismo tiempo, la atracción riega la relación y el apego nos mantiene unidos, con arrebatos puntuales y recurrentes de una libido y una atracción que pueden disminuir con el tiempo.

¿Por qué el amor romántico sigue este patrón? O, ya que estamos, ¿por qué aparece el amor romántico? Igual que con la mayoría de las conductas humanas, el imperativo humano —en este caso, el instinto dopaminérgico de sobrevivir y propagar la especie— nos da una explicación bastante buena. La libido puede aparecer y desaparecer enseguida. No es quisquillosa. Por lo tanto, la libido nos puede arrastrar a una sucesión fugaz de parejas sexuales. Si el objetivo es gestar más humanos, lo más eficaz sería practicar el coito con el mayor número posible de parejas. La libido lo logra en parte gracias a la dopamina, que nos empuja hacia la siguiente persona rebajando nuestro interés por la que acabamos de conocer: el misterio se disipa y, con él, el atractivo de la pareja. Pero allí nace una fuerza que compensa esta propensión a propagarnos: la atracción. La atracción nos hace querer seguir al lado de esa pareja, lo cual es importante para el cuidado de los hijos.

La conducta humana es fruto de un cambio lento y constante durante millones de años. Quizás la cultura moderna haya hecho posible cuidar a un bebé como madre soltera, pero el hábitat indómito del pasado no era tan acogedor. De este modo, la evolución grabó la atracción a fuego en nuestro ADN y por eso no desaparece pese al imperativo cultural de catar cada nueva forma de supuesta iluminación sexual.

Por último, el apego nos da fiabilidad y seguridad en una relación, y este pilar tan importante puede vencer la libido y la atracción, incluso a largo plazo. Juntando estas tres cualidades, la especie se propaga sin parar.

Esto nos brinda un método paso a paso para controlar la dopamina en situaciones en que el amor romántico o sus posibilidades nos saturan. La dopamina nos dice que esta pareja nueva a la que no conocemos, o este sentimiento que estamos persiguiendo, es exactamente lo que queremos y necesitamos, pero esta noción no tiene ningún fundamento, más allá de la esperanza que genera la emoción de no conocer a la pareja. Necesitamos una estrategia para separar lo que queremos de lo que necesitamos, y para separar lo que esperamos que sea cierto de la realidad.

En busca de la dosis perfecta

Para controlar el efecto de la dopamina sobre la libido, la atracción y el apego, vamos a investigar a qué nos enfrentamos y, a partir de los resultados, vamos a tomar una decisión racional en cada fase del proceso. Primero estudiaremos y consignaremos los detalles de la situación. Así, revelaremos la influencia del sistema dopaminérgico del deseo y la del sistema dopaminérgico del control, a fin de saber mejor cuándo nos estamos dejando llevar por las emociones y no estamos pensando lo suficiente. Así, daremos a nuestra estrategia más opciones de fructificar dejando pasar un tiempo. Cuando dedicamos unas horas a analizar la situación, la dopamina del deseo disminuye, y eso a su vez reduce la atracción distorsionante que podríamos sentir, permitiendo a la dopamina del control producir un mayor número de análisis razonados.

El control de la libido. Vamos a analizar la libido en su expresión que más molesta a la gente: un deseo tan intenso que te hace perder la sensación de autocontrol. Normalmente eso se plasma como una lujuria externa a la relación formal, un deseo indeseado de tener relaciones sexuales sin atracción ni apego, o un instinto sexual bastante superior al que tu pareja o tú consideraríais normal.

- Haz una lista con las razones por las que no quieres sucumbir al deseo. ¿Aspiras a tener relaciones sexuales únicamente dentro de tu matrimonio o de tu relación formal? ¿Este acto infringiría tus creencias religiosas o tu sistema de valores? ¿Te preocupa contraer una enfermedad? ¿Te disgusta cómo te hace sentir contigo mismo el acto sexual en este contexto? Reflexionando así sobre tus sentimientos, puedes afianzar tu compromiso con la decisión que quieres tomar.
- Busca distracciones. Entretén tu mente con algo que te guste mucho para no pensar en ese senti-

miento. Saca a pasear al perro, haz ejercicio, llama a un amigo o haz algo creativo, como tocar un instrumento o hacer alguna actividad artística.

- Busca consuelo en alguien que sea más merecedor de tu afecto. Si tus sentimientos son por alguien externo a tu relación, ponte en contacto con la persona con quien te has comprometido. Llámala o ve a verla en persona. Su presencia te recordará por qué solo quieres intimar con ella.
- Practica la atención plena o la meditación. Puede ser algo tan sencillo como hacer ejercicios de respiración o algo tan complicado como un entrenamiento al que prestes toda tu atención. Es algo así como bajar las revoluciones de esta especie de carrera por conseguir lo que quieres, pero que en verdad no necesitas.
- Prueba trucos de la ACT. Ignorando los pensamientos negativos no vamos a conseguir que desaparezcan, así que déjate invadir por ese sentimiento. Cuando el deseo te consuma, fíjate que no estás sucumbiendo a él. Asume los hechos tal y como son: en la vida, todos tenemos pensamientos indeseados e incluso intrusivos, pero la exposición a ellos puede terminar debilitándolos y afianzando tu habilidad para no rendirte a las emociones.

El control de la atracción. Es difícil distinguir entre la atracción y una mera reacción a otro sentimiento, como puede ser la soledad. El antojo que a veces tenemos por la comida es un buen símil. Las personas comemos para alimentarnos y paramos cuando estamos llenas. Esa es una razón válida para comer. Otras veces no comemos porque necesitamos nutrientes, sino para no morir de aburrimiento y, con el tiempo, esa clase de alimentación conlleva problemas.

Para resolver el problema de la atracción, empieza viéndola como un deseo activo, como algo positivo que genera sentimientos buenos adicionales o mejorados, en vez de verla como un sentimiento que surge como resistencia al malestar. Luego sigue estos consejos:

- Plantéate qué tiene exactamente esa persona que te atraiga. Escribe lo que te gusta de él o de ella. Especifica qué te llamó la atención en un principio y qué la ha mantenido. ¿Su aspecto? ¿Su sentido del humor? ¿Su ojo por la moda? ¿Las cosas que tenéis en común? ¿Que te hace ver las cosas desde otro punto de vista? No te conformes con veleidades. ¿La atracción es principalmente física, sexual, emocional o intelectual? Reflexiona sobre esas distinciones. Cuantas más razones consigas especificar en diferentes áreas, más probable será que la atracción sea real.
- Compara las cualidades que has anotado con las de las personas que te han atraído en el pasado. Eso te puede ayudar a decidir si simplemente estás repitiendo un patrón o si esta persona es alguien con quien realmente estás conectando.
- ¿Cómo te sientes cuando no estás cerca de esa persona? ¿Sigues pensando en ella cuando no estáis juntos? ¿O la atracción aparece, sobre todo —o incluso exclusivamente—, cuando estáis cerca el uno del otro?

El control del apego. Podemos sentir apego por gente a quien no amamos. Un ejemplo es el matrimonio que aguanta «por los hijos» o por una serie de necesidades económicas compartidas. Un apego saludable en el contexto del amor romántico significa tener o cultivar una unión emocional e intelectual sólida con otra persona y, normalmente, notar que la otra parte también tiene sentimientos y se esfuerza. Hay que sentir un cierto deber y compromiso con la otra persona. También debe haber confianza en que la otra parte siente deber y compromiso contigo.

El apego es saludable y agradable. Pero si los sentimientos asociados con el apego no son correspondidos, seguramente lo que sientes es más bien fruto de la necesidad y de la inseguridad, no del amor. Analiza tu apego con estos ejercicios:

- Deja de lado los sentimientos que despierta en ti la otra persona; piensa en cómo te hace sentir respecto a ti mismo. ¿Te sientes seguro y conectado? ¿Este sentimiento persiste sin depender casi nada de las circunstancias? En una relación amorosa, el apego valida por completo nuestro propósito e incluso nuestra personalidad.
- Plantéate la solidez del apego que sientes. El apego saludable no depende de los impulsos ni de emociones pasajeras. El apego con el que merece la pena comprometerse refleja el propio compromiso. Es tanto una decisión como un sentimiento. La próxima vez que te sientas enfadado u ofendido en tu relación, pregúntate si todavía sientes o quieres

sentir apego. Si la respuesta es afirmativa, pregúntate si lo crees porque confías en que esa persona te hará más feliz a la larga, o si el apego se debe más bien al miedo a no tener a nadie en la vida.
- Analiza el apego que sientes cuando no estáis juntos. En una relación, es natural sufrir tentaciones de terceros. El apego nos ayuda a mantener el compromiso que hemos adquirido a pesar de esas tentaciones. Si el apego se diluye cuando os separáis, plantéate por qué podría suceder. ¿Qué sentimientos concretos se diluyen? ¿Tu sensación de plenitud personal también desaparece? ¿Y tu deseo o tu compromiso de compartir planes y obligaciones? Si los beneficios de este apego concreto pierden una parte de su atractivo cuando no estáis juntos, es posible que la relación consista más bien en gestionar los objetivos y la incomodidad que en mantener el apego constructivo a esa persona.

Por más que el amor nos confunda, podemos recuperar algo de control si dejamos de interpretarlo como un solo sentimiento y empezamos a verlo como una pugna entre la libido, la atracción y el apego. La razón puede ayudarnos a manejar todos estos sentimientos, pero para lograrlo tendremos que hacer más. Ante tal maremoto, lo interesante es calmarnos con técnicas de distracción y atención plena. También querremos usar el yo observador para separar la respuesta de la emoción. Querremos analizar qué opciones tenemos realmente. Y tendremos que imaginar sus diferentes resultados usando la capacidad dopaminérgica de viajar mentalmente en el tiempo.

7

LA BÚSQUEDA DE NUESTRA MEDIA NARANJA

La dopamina y «la noche que nos conocimos»

La dopamina y la búsqueda de «la persona indicada» están ensortijadas como las luces de Navidad del año pasado. No hay ninguna experiencia más íntimamente humana que dependa tanto de nuestros circuitos del deseo y del control como la búsqueda denodada (y la tentación ocasionalmente indeseada) de una posible conexión romántica.

En estas ocasiones, la dopamina ejerce algunas de sus facultades más impresionantes. Los primeros instantes en los que conocemos a alguien son una oportunidad para el error de predicción de recompensa: es más habitual codiciar una pareja romántica que sentir la chispa en una primera cita, así que cuando la conexión promete, nuestras expectativas se disparan y se libera dopamina. El circuito del deseo nos avisa de las esperanzadoras posibilidades y mantiene viva nuestra atención. El circuito del control explora las posibilidades de interminable placer que ofrece estar con esa persona; en ese momento, esas imágenes mentales representan más o menos un 1 por ciento de realidad y un 99 por ciento de glamurosos ensueños dopaminérgicos de lo que podría ser. Ver un avión en el cielo, por ejemplo, nos hace pensar en unas vacaciones paradisíacas, pero, una vez que hemos embarcado, solo tenemos ganas de volver a bajarnos. Esa situación recuerda a lo que sentimos respecto a los nuevos candidatos a pareja. El momento más prometedor, el subidón de dopamina, no ocurre cuando la relación se hace realidad, sino antes. De ahí los escollos que la dopamina plantea a la hora de encontrar a la persona indicada. Debemos recordar que lo que imaginamos seguramente no se corresponda con lo que nos depara el futuro.

¿Acaso existe el amor a primera vista?

Si tienes la suerte de vivir la experiencia, «enamorarte a primera vista» —tanto si sucede como si solo lo parece— es el clímax de la felicidad. Meses o años más tarde, es casi igual de maravilloso echar la vista atrás y recordar, o simplemente creer, que el amor existió desde el principio. Pero ¿el amor a primera vista fue real? El sentimiento lo fue, pero tal vez fue solo eso: un sentimiento. Plantéate qué significa realmente el amor para ti y luego trata de dilucidar si el amor a primera vista es posible. Hay que hacer un verdadero acto de fe para aferrarte a una mirada y una sonrisa.

¿Estamos romantizando el momento ansiado del aquí y el ahora, el inicio que preferiríamos?

El amor a primera vista depende de la acción de varios neurotransmisores. La oxitocina, la famosa hormona del «abrazo», parece el punto de partida, pero no lo es. La oxitocina no es tan importante porque está más relacionada con los lazos afectivos y la confianza a largo plazo que con la primera chispa de la atracción. La importancia de la serotonina no se debe a su aumento, sino a su disminución, tal vez como respuesta al estrés que genera conocer a alguien, y la caída de los niveles de serotonina puede inducir pensamientos obsesivos acerca de una persona. La norepinefrina nos pone en estado de alerta y concentración en el momento, mientras que las endorfinas nos dan placer, por no decir euforia. Pero el incremento de la dopamina es lo más importante, pues se da al comienzo de un episodio de error de predicción de recompensa. Si buscamos la chispa que enciende el sentimiento, bien podría ser la discrepancia entre nuestras expectativas y nuestra ilusión por lo que vemos en esa nueva persona.

En un estudio europeo con hombres y mujeres de unos veintitantos, se recabó información sobre el amor a primera vista y la experiencia de conocer a potenciales parejas. Además de responder a preguntas, los participantes quedaban en «citas organizadas» en las que los investigadores recogían «opiniones en caliente» —respuestas sobre cómo los sujetos del estudio se sentían en cada momento—, en vez de darles tiempo para reflexionar y tal vez cambiar lo que habían sentido al conocer a otros.

Los investigadores les preguntaban a los participantes si sentían amor a primera vista durante una primera cita. Luego les hacían otras preguntas, una de las cuales resultaba ser significativa: cómo de físicamente atractiva les había parecido la otra persona. Cuando la gente decía que había sentido amor a primera vista, normalmente era con alguien a quien consideraban especialmente atractivo. No había ninguna correlación semejante entre el amor a primera vista y una métrica elevada en «intimidad» o «compromiso».

Consolidando y perpetuando el estereotipo de que los hombres se enamoran por los ojos, los hombres eran más propensos que las mujeres a hablar de amor a primera vista, es decir, nada más ver a la otra persona. Por si os sirve de algo, en ninguno de esos casos el objeto de deseo dijo haber sentido amor a primera vista. En *Iolanthe* de Gilbert y Sullivan, el lord canciller canta: «El amor no correspondido me impide reposar». Parece que el canciller no está solo.

Los autores del estudio concluyeron que, en esencia, el amor a primera vista es un constructo romantizado de la «atracción inicial intensa». Al parecer, simplemente te gusta lo que ves; no es ningún producto de una percepción extrasensorial o de una reflexión inconsciente. Eso no significa que no sea útil. Aunque los investigadores lo tildan de «fabulación mnemónica» —un término más propio de Willy Wonka que los científicos usaron porque les daba reparo hablar de autoengaño—, sí admiten que el amor a primera vista puede servir a un propósito. Según ellos, tal vez nos convencemos de su existencia para mejorar nuestra relación. No me digáis que no es irónico: tan pronto aducimos amor a primera vista para comenzar una relación como nos aferramos a él para seguir en dicha relación.

Sea real o ficticio, el amor a primera vista es una sensación muy agradable. Si simplemente quieres experimentar el amor a primera vista y no te importa si es mutuo, es bastante fácil de hacer. Dado que el aspecto físico es el detonante principal, encuentra a alguien que creas que está como un tren y enamórate a primera vista en privado.[1] ¿Quién sabe? Igual la otra persona siente lo mismo. La pasión hace milagros.

¿Puedes hacer que alguien se enamore de ti?

Aunque no te lo esperes, tienes más poder del que crees. Y esto aún te sorprenderá más: si no te complicas y vas con la verdad por delante, puedes elegir casi a cualquiera y tendrás bastantes opciones de conectar con esa persona. Eso sí, hay una condición muy importante... Esa persona tiene que estar igual de dispuesta y ser igual de honesta que tú a la hora de expresar lo que siente.

En 1997, cinco científicos estadounidenses presentaron una «metodología práctica [...] para generar intimidad en un contexto experimental».[2] Partieron de la idea de que la «intimidad» era un paso intermedio hacia el amor. Su idea era que dos personas compartieran cosas que normalmente no se asociaban al amor romántico: detalles sobre su vida, aspectos vulnerables y opiniones sobre el mundo. Pero he aquí la clave: las dos personas no tenían que usar esa información para emitir un juicio sobre la otra, sino simplemente para conocerse. Con esa condición, el objetivo del experimento era simple. Los investigadores sospechaban que, si dos personas se podían conocer compartiendo poco a poco información cada vez más personal, el intercambio podía germinar no solo en una sensación de intimidad, sino en una intimidad real (y tal vez en amor a primera vista). También decidieron hacer el experimento en un entorno cuasi clínico, a fin de minimizar los efectos de las variables que suelen influir en el inicio de una relación: el alcohol, la soledad, etcétera. Diseñaron un modelo de diálogo para facilitar este tipo de intercambio y se lo dieron a las parejas como guion. (*The New York Times* publicó las preguntas en un artículo de 2015. Si quieres usarlas, consulta la nota al final.)[3]

En el experimento, cada pareja disponía de casi una hora para formularse preguntas en una serie de sesiones de quince minutos. En la primera sesión se priorizaba la información básica: gustos y aversiones, objetivos en la vida y rasgos básicos de cada uno. Era una forma de romper el hielo y congeniar. La segunda sesión se volvía un poco más íntima y requería mostrarse vulnerable y hacer un análisis sincero de la propia personalidad. Las preguntas eran sobre recuerdos e hitos importantes, espinitas clavadas, valores esenciales en la amistad, familia y amor, además de alguna que otra incursión en situaciones hipotéticas: «¿Qué harías si alguien te pidiera...?». En definitiva, eran preguntas que revelaban prioridades personales. En la última sesión, el diálogo se diseñaba específicamente para que los participantes estrecharan lazos y conectaran. Los miembros de cada pareja se preguntaban por los problemas respectivos, por sus sentimientos y por sus dilemas personales, y debían sincerarse un poco sobre sus miedos más íntimos. También había preguntas más alegres; por ejemplo, los sujetos se preguntaban los unos a los otros sobre qué cualidades positivas habían detectado en el otro.

Tras las conversaciones, la mayoría de los participantes dijeron que sí sentían una cierta intimidad con su nueva pareja. El estudio demostró que muchas de las cosas que consideramos cruciales para la intimidad no importan tanto. No necesitas congeniar políticamente ni compartir gustos con alguien. Puedes iniciar una conversación creándote expectativas sobre lo que a la persona le va a gustar y lo que no, terminar descubriendo que te equivocabas y, aun así, sentirte unido igualmente a esa pareja. Incluso puedes decir de buenas a primeras que la conversación está pensada para uniros más; eso no hará ni más ni menos probable la conexión posterior. Lo cierto es que el factor clave de la intimidad es la sinceridad continua y mutua, la honestidad y la vulnerabilidad. Tener opiniones y actitudes semejantes puede ser muy relevante en etapas posteriores, pero cuando tiene que «saltar la chispa», eso no importa. Por lo tanto, tal vez se pueda inducir algo de amor; si no a primera vista, sí al menos después de una charla de cuarenta y cinco minutos.

Charlar tomando un café no es tan memorable como un rayo de atracción instantánea, pero aun así es bastante increíble saber que el amor a primera vista (o al menos una primera conversación) no solo es posible, sino que se puede crear con una pizca de esfuerzo y cooperación. No hay fuegos artificiales, pero sí tienes bastantes más opciones de conectar. (En el estudio, realizado en una clase de psicología de la universidad, ¡una de las parejas se acabó casando!)

El papel de la dopamina en el proceso apunta a una serie de conceptos que nos pueden ayudar en cualquier situación en la que tratemos de generar un vínculo sentimental.

Las conversaciones íntimas tienen mucha fuerza. Lo extraño y novedoso libera dopamina. Normalmente no compartimos nuestras vulnerabilidades y experiencias más íntimas, y menos aún con gente a la que acabamos de conocer, así que el hecho de hacerlo —cuando es razonable— puede desencadenar la liberación de dopamina y el consiguiente placer. De ahí que la conversación sea más agradable y memorable, dos cualidades que fomentan el apego.

La recompensa social engendra más recompensa social. Los seres humanos son criaturas inherentemente sociales. Cuando una interacción social va bien, nos gusta. Una vez hemos certificado la recompensa social de la conexión, tenderemos a buscar y a encontrar más interacción.

Tener un objetivo nos insta a perseguirlo. La posibilidad de crear una conexión significativa con otra persona, en especial, si no la conocemos, es un objetivo claro. Marcarse ese objetivo libera dopamina. Eso, a su vez, nos lleva a fijarnos más objetivos de forma habitual.

Para una cita, pensamos en el aspecto y en las frases ingeniosas para ligar. Si lo único que quieres es bailar, tomar algo o pasar la noche con alguien, eso puede funcionar. Pero si buscas una relación —una conexión romántica genuina—, una manera de generar la condición de posibilidad es conocer a alguien íntimamente siendo sincero, honesto, vulnerable y mostrando interés. Eso no significa vomitar un montón de secretos y detalles sobre tu vida. La idea es revelar cosas sobre ti y aprender cosas de la otra persona con moderación. La única pega es que la otra persona tiene que estar dispuesta a hacer lo mismo. Evita las situaciones incómodas. Simplemente empieza a hablar de fruslerías y dirige la conversación hacia asuntos más profundos. Tómate tu tiempo. El resultado es mejor del que te imaginas.

Lo que sucede realmente cuando van a cerrar el bar

En 1976, Mickey Gilley era uno de los grandes nombres de la música *country*. En enero, este propietario de taberna y cantante habitual de los bares *honky-tonk* había logrado por quinta vez colocar una canción *country* en lo más alto de la lista Billboard: «Don't the Girls All Get Prettier at Closing Time» [¿No es cierto que todas las chicas se vuelven más bellas cuando el bar está a punto de cerrar?].* Este dato descontextualizado nos concierne porque despertó el interés del doctor James W. Pennebaker, que en 1979 acababa de entrar como profesor adjunto de Psicología en la Universidad de Virginia. In-

* Naturalmente, esta observación también podría aplicarse a los chicos, pero la canción era de 1976. Además, si Baker Knight hubiera tenido que añadir toda esa información a la letra de la canción, habría salido un churro. Pero, vamos, seguramente tampoco se le habría ocurrido mencionarlo. *(N. del a.)*

trigados por la frívola pregunta que planteaba la canción y por el hecho de que coincidían con esa idea, Pennebaker y sus compañeros iniciaron una investigación con todas las de la ley para sopesar la cuestión desde el punto de vista de los hombres y de las mujeres (aunque el psicólogo limitó su estudio a la atracción heterosexual). Al acabar, publicaron los resultados revisados por pares en la revista *Personality and Social Psychology Bulletin*. El estudio, que dio lugar al término «efecto de la hora de cierre», era riguroso, aunque el tono y la jerga eran bastante divertidos:

> A pesar de los intentos de la psicología por seguir el ritmo de las hipótesis planteadas por los compositores, los estudios sobre la percepción de la atracción física todavía tienen mucho camino por recorrer. Para tratar de corregir esa carencia, se ha realizado un estudio que ha confirmado la predicción de Gilley de 1975 de que «todas las chicas se vuelven más bellas cuando el bar está a punto de cerrar; parecen todas estrellas de cine...». Una interpretación *reactante* [sin énfasis en el original] basada en las preferencias previas a la decisión ha validado la observación de Gilley: «Qué curioso y qué raro es, que un hombre cambie de opinión cuando asume que pasará la noche a solas».[4]

¿Cómo te sientes cuando tu jefe te manda hacer algo? Tu primera reacción, al menos mental, suele ser espetar: «¡Lo haré cuando tenga tiempo!» o «¡Pídeselo a otro!». Eso se llama «reactancia» y puede hacernos mostrar nuestra peor cara. La relación entre la reactancia y la dopamina no se entiende del todo, pero podemos interpretarla como el resultado de una liberación de dopamina ocasionada por una amenaza; en este caso, la amenaza a la independencia y la autonomía. Tras unos segundos de reflexión, recuperamos el sentido común, pero nuestra respuesta por defecto tiende a ser: «No me digas lo que tengo que hacer». Puede ser un impulso tan potente que priorizamos la resistencia a la autoridad a nuestros propios baremos e intereses a largo plazo. Si alguien cuestiona aunque sea un ápice nuestra autonomía, esa autonomía se convierte en nuestra máxima prioridad. Para alguien que busque una pareja sexual inmediata, la hora del cierre equivale a la desaparición inminente de todas las opciones. Es una amenaza a la autonomía. Esa reacción reactante puede hacer bajar nuestro listón.

Pennebaker también señaló que una explicación alternativa es la teoría de la disonancia. Si estás decidido a «ligar» con alguien en un bar, vas a anteponer a gente que consideras atractiva, pero tal vez no haya personas que cumplan ese criterio. Para resolver la diferencia entre lo que quieres y lo que hay, quizás te convenzas de que la gente que te rodea es más atractiva de lo que pensaste en un primer momento. Incluso se remitió al «hallazgo clásico» de un estudio de 1970: «A medida que disminuye el tiempo para tomar una decisión, la belleza atribuida a los candidatos alternativos converge».[5] El estudio comparaba la belleza que atribuimos a una persona cuando aún tenemos quince minutos para conocerla con la belleza que le vemos si solo disponemos de tres minutos. La conclusión era que, cuanto más tiempo tienes, más fino hilas, pero, a medida que se evapora el tiempo para elegir, sueles ser más generoso con tu veredicto sobre la belleza de la persona. Y toda esta parrafada para decir lo mismo que nuestro querido Gilley expresó en un par de versos.

El método de investigación de Pennebaker puso en práctica todo esto. Mandó a tres parejas formadas por un hombre y una mujer a hacer la encuesta en tres bares a tres horas distintas: tres horas y media antes del cierre, dos horas antes del cierre y treinta minutos antes del cierre. Los investigadores hombres entrevistaron a los hombres y las mujeres, a las mujeres. La pregunta era sencilla: «En una escala del uno al diez, en la que uno significa "nada atractivo", cinco significa "en la media" y diez significa "extremadamente atractivo", ¿qué nota le pondrías a esa persona [del sexo opuesto] que está aquí esta noche?». Entonces, los encuestadores preguntaban por miembros del mismo sexo de la persona interrogada. El resultado fue que, mientras que las notas de las personas del mismo sexo se mantenían iguales, las que se daban para los miembros del sexo opuesto mejoraban a medida que se avecinaba la hora del cierre. Ese estudio no solamente validó la «hipótesis» de Gilley, sino que aportó base psicológica a un saber popular de toda la vida.*

¿Cómo nos resistimos a la reactancia o a la disonancia? Al igual que con muchos problemas de la conducta,

* Si se le puede achacar algún defecto a la labor académica de Pennebaker es que su equipo se centró únicamente en las afirmaciones de Gilley, obviando una tesis semejante planteada cinco años antes. El cantante y compositor Stephen Stills se abrió camino hasta el número decimocuarto de la lista Billboard Hot 100 con un gran alarde de su destreza literaria, plasmada con un retruécano. Según él, el antídoto para la incapacidad de estar con la persona a la que se ama es amar a la persona con quien se está. *(N. del a.)*

el primer paso es asimilar tanto el problema como su origen, y eso es algo que tú ya has hecho leyendo este apartado. Cuando te des cuenta de que te estás resistiendo a una petición lógica, o bien de un tercero o bien de tu propia lista de prioridades, admítelo. En lugar de sopesar claramente la situación y luego tomar una decisión razonada, tal vez te resistas a una amenaza a tu independencia, tal vez te mientas a ti mismo sobre el valor de algo, o ambas cosas. Sea como sea, estás intercambiando la verdad por aquello que quieres. No hay ningún problema con eso. Simplemente, debes ser consciente de que es una elección. Quizás prefieras otra cosa.

Prueba lo siguiente: en lugar de pensar que «tienes que» hacer eso o lo otro, piensa que «tienes la ocasión» de hacerlo. No es fácil, al menos la primera vez. Cuando lo hagas te sentirás forzado, y el motivo es porque lo es. Pero eso no invalida este método. Cuando cambias el relato de «tengo que hacer esto» por el de «elijo hacer esto», estás recuperando la autoridad y la autonomía que habías olvidado que tenías. Además, estás rechazando la reactancia. Ya no eres el soldado que sigue órdenes. Ahora das tú esas órdenes. Por ejemplo, la frase «Si no quiero pasar la noche solo, tengo que encontrar a alguien tan desesperado como yo» se transforma en «Hoy me apetecería estar con alguien, así que tengo el poder de elegir a quién se lo pido. ¿Quién es digno de mi atención? ¿Quién cumple o no cumple las expectativas? ¿Qué prefiero: la posibilidad de mantener relaciones sexuales o ser fiel a mis expectativas? ¿O mis expectativas valen algo más? ¿Qué quiero hacer realmente?». Cuando te hablas en esos términos, eliges poner en barbecho tu reacción para decidir con sangre fría. Vuelves a coger las riendas y empiezas a valorar tus opciones como lo que son, y no como te gustaría que fueran.

El gancho de los malotes

¿El «atractivo de los hombres peligrosos» es un estereotipo o un hecho real? Para algunos es un tema delicado. Lo que en un grupo podría ser una tendencia, luego no se cumple para todos sus miembros. Hablando del amor, no hay generalización posible.

Hecha esa excepción, he aquí lo que parecen decirnos algunos de los datos más recientes. Un estudio de 2023 realizado por investigadores de Australia sugiere lo que ya sospecharás: las mujeres que buscan relaciones cortas o vínculos sexuales breves suelen sentirse menos atraídas por los «hombres prudentes» y más por aquellos que muestran conductas de riesgo: los «hombres peligrosos».

«Para las relaciones sexuales esporádicas, las mujeres prefieren "canallas" valientes con una buena constitución genética, y parece que los osados cumplen con ese perfil», señaló Cyril Grueter, el autor que dirigió el estudio.[6] Si pensamos en una relación como transacción, eso es lo que cabría encontrar. La llamada de la conexión a corto plazo surge con el gancho, la posibilidad de disfrutar de una experiencia mejor de la esperada, la sensación provocada por la activación del sistema dopaminérgico del deseo. ¿Qué origen de lo inesperado más obvio puede haber que alguien que anuncia su osadía con sus palabras y su conducta? La transacción también conlleva un plus: probablemente, la experiencia «arriesgada» de salir con un hombre peligroso no le comportará un gran peligro a la mujer, dado que es la otra persona la que se la juega para alardear. Eso le proporciona al sistema dopaminérgico del control una razón de peso para apoyar la decisión.

En el estudio también se descubrió un hecho que concuerda por las mismas razones. Grueter y sus compañeros encontraron que, cuando las mujeres gozan de una salud relativamente buena y tienen un acceso más fácil a la sanidad, es más plausible que se sientan atraídas por hombres que asumen riesgos, sobre todo, en comparación con las mujeres con una menor seguridad económica. Quizás la razón sea que, gracias a su situación económica y su red de seguridad social, a ellas les resulta más fácil lidiar con las consecuencias si les sale el tiro por la culata. Es como una póliza de seguro: aunque el vínculo peligroso les cueste una enfermedad, un daño o un embarazo no deseado, probablemente esas mujeres podrán volver al punto en el que se encontraban antes.

Los efectos de la osadía sobre la atracción son sexualmente dimorfos, es decir, que hay diferencias entre la respuesta masculina y la femenina. El macho es más propenso a asumir riesgos que la hembra.[7] En general, sea cual sea el riesgo que una mujer perciba en una relación, el hombre percibirá menos.[8] Así pues, la atracción de las conductas osadas no solo se ve reforzada por fenómenos dopaminérgicos inmediatos, sino también por una expresión duradera del instinto dopaminérgico, el imperativo evolutivo de propagar la especie. Las mujeres poseen un gran poder para elegir con quién tienen relaciones sexuales. Asumiendo riesgos, un hombre se vuelve más atractivo que otro. Es lo que los autores del estudio tildaron de «hacer publicidad sexual»[9] de la capacidad para domar el mundo físico. De hecho, los autores señalan que otros estudios[10] indican que los hombres son más proclives a poner en riesgo su integridad delante de mujeres, «en especial, si están presentes mujeres atractivas».[11]

¿Por qué las mujeres prefieren las actitudes más osadas si buscan relaciones cortas, pero no si buscan relaciones largas? Porque el propósito de ambos tipos de relación es diferente. A corto plazo, el objetivo es pescar a una pareja genéticamente superior. Hay estudios previos que plantean que «la masculinidad facial» resulta más o menos igual de seductora que la osadía y, entre otras cosas, se considera señal de buena salud.[12] A la larga, sin embargo, el objetivo es encontrar a una pareja que muestre un comportamiento ejemplar: que prometa fidelidad, que sea autosuficiente y que pueda resolver problemas sobre la marcha. En este punto, la evolución eleva ciertas cualidades y relega otras.

En la prehistoria, habría sido casi imposible criar a un niño vulnerable a la vez que cazábamos animales para alimentarnos y ahuyentábamos a los lobos (por poner un ejemplo). El mundo actual ha cambiado, pero la realidad no: las fuerzas biológicas articulan las decisiones que tomamos en nuestras relaciones y no se pueden descartar por estar culturalmente anticuadas. Tras millones de años de ensayo y error, hemos llegado al sistema vigente de propagación de la especie. La naturaleza puede más que la educación, y nuestra genética tardará un poco en evolucionar para reflejar nuestras aspiraciones y nuestros (¿mejores?) principios de hoy.

A fin de cuentas, tenemos derecho a dejarnos hechizar por quien nos gusta. Da igual si eso conlleva elegir únicamente a los que buscan la seguridad o arriesgarnos con los amantes del peligro, o intentar seducir al tipo de persona que queremos. Nadie le debe a nadie una disculpa ni una explicación sobre cuáles son sus gustos en el amor.

Para las mujeres. Una mujer a quien le preocupa ser vulnerable a los osados se resistirá mejor si es consciente de las razones por las que siente esa atracción, y si luego se las recuerda cuando llega el momento. El análisis del circuito del control responde al sentimiento del circuito del deseo, y en el primero percibimos mucho más control. Una mujer que considera que la atracción por los intrépidos es un defecto de su personalidad también debería recordar que el carácter no tiene absolutamente nada que ver con ello. Es una expresión de la genética, que en este caso hace ignorar los atributos más nobles de un individuo.

Para los hombres. Un hombre que quiera ser más atractivo para poder entablar relaciones breves y disfrutar del sexo esporádico puede mejorar su capacidad de seducción asumiendo más riesgos delante de las mujeres. No hacen falta grandes alardes de fuerza física. Basta con hablar con confianza y honestidad. La seguridad en uno mismo es clave para resultar atractivo y, con práctica, la podemos adquirir. Las tentativas imperfectas, o incluso los chascos más sonados, nos habitúan a la vergüenza. Eso infunde confianza a cualquiera de cara a la próxima intentona, aumentando sus posibilidades de salir airoso y sembrando menos dudas a la hora de asumir riesgos en el futuro.

¿HAY ALGÚN MÉTODO CLARO PARA IDENTIFICAR A NUESTRA MEDIA NARANJA?

Cuando estamos enamorados, uno de los sistemas para controlar la dopamina es decidir que estamos realmente enamorados.

En cuanto te convences de que estás enamorado, dejas de perseguir el subidón de dopamina provocado por el amor nuevo y por el aura de misterio que rodea a las nuevas parejas, y empiezas a sentir más apego por la persona a quien quieres. Eso no solo es deseable, sino que es un método constructivo de poner punto final a la rueda dopaminérgica. Recuerda que el propósito evolutivo de la dopamina no es hacer placentera la búsqueda como fin en sí mismo. A veces la «promesa» de la dopamina se cumple. En ese caso, nos lleva al placer, la satisfacción y la seguridad que experimentamos en el aquí y el ahora. Entonces, abandonamos la búsqueda del amor —avivada por la anticipación dopaminérgica— y empezamos a disfrutar de la experiencia de estar enamorados, que está regida por los neurotransmisores del aquí y el ahora.

Para dar este paso tan importante, necesitamos saber si estamos enamorados. Invertimos muchas horas en tratar de dilucidarlo. El problema es que la pregunta, «¿Lo estoy o no lo estoy?», es muy subjetiva. Depende de cómo de valorados nos sintamos, de cuánto nos atraiga la otra persona, de cuánto coincidan nuestros planes de futuro con los de la pareja y de la confianza que tengamos en nuestros propios sentimientos y en los de la otra persona.

Los periodistas de LiveScience Robin Nixon Pompa y Patrick Pester analizaron estudios científicos y elaboraron una docena de test sencillos[13] para ayudarnos a decidir si nuestra relación es de amor verdadero. Aunque la respuesta nunca será totalmente objetiva, al menos las preguntas de Pompa y Pester nos aportan un método práctico para sustentar nuestro optimismo.

Echa un vistazo a la lista de preguntas. Si respondes afirmativamente a varias de ellas, lo lógico es pensar que estás enamorado y que ya puedes dejar de aspirar al amor para empezar a construirlo.

- ¿Crees que la persona con quien estás es más especial que otras con las que has salido?
- Con esta persona, ¿te centras más en los aspectos positivos que en los negativos?
- ¿Tu nivel de energía y tu estado de ánimo oscilan más de lo normal?
- ¿Te distraes a menudo pensando en esa persona?
- ¿Sientes dependencia en forma de ansiedad por separación y miedo al rechazo?
- ¿Dedicas bastante tiempo a imaginar un futuro con esta persona?
- ¿Empatizas más con el dolor de esta persona que con el dolor de otros?
- ¿Has modificado tu lista de prioridades e incluso de intereses para coincidir más con esta persona?
- ¿Te sientes posesivo con esta persona?

- ¿Sientes deseo no solo de intimar sexualmente con esta persona, sino también de hacerlo emocionalmente?
- ¿Te da la sensación de que a veces no puedes controlar lo que sientes por la otra persona?[14]

Encontrar a nuestra media naranja es un ejercicio motivado por la dopamina del deseo. Todo empieza por buscar a alguien lo bastante diferente para que nos pique la curiosidad, pero lo bastante parecido para recordarnos lo que más valoramos. O, si expresamos el idilio amoroso en términos clínicos, empezamos buscando que nos sorprendan a través del error de predicción de recompensa. Si tenemos una experiencia mejor de la esperada, querremos saber más de esa potencial pareja, pero durante un tiempo nos deleitamos con saber solo un poquito. Imaginamos una infinidad de posibilidades exquisitas con esa persona, y lo hacemos de manera prácticamente infundada, esperando esa conexión humana imaginando su ideal. Al final, nuestras elucubraciones deben convertirse en saberes, así que la dopamina del control hace acto de aparición para rellenar las lagunas que se ciernen sobre esta persona desconocida. Normalmente averiguamos bastante rápido si merece la pena dar una oportunidad a lo que pueda surgir. Si decidimos que no merece la pena, nos sobreponemos al varapalo y seguimos nuestro camino. Pero si es que sí, la posible pareja se nos antoja aún más atractiva y le damos una oportunidad. Nuestros castillos en el aire se convierten en un primer borrador de lo que es posible. Este proceso estimulante de ir a tientas y de abrirnos en canal es lo que define la búsqueda de «nuestra media naranja».

8

CÓMO CONVIVIR CON EL DESEO SEXUAL

El sexo y el poder de la competencia

De todos los instintos humanos, el sexual es el que más influye en la identidad, el que más destaca culturalmente, el que más atención nos exige a corto plazo, el que más afecta a la larga, el que más vergüenza y desprestigio puede provocar y el que más rápido conecta con los impulsos violentos. Normalmente suscita un placer efímero e intenso y acaba dando lugar a una vida entera de quebraderos de cabeza. El sexo es la razón más habitual por la que mentimos y el aliciente más potente a la hora de cometer actos que convierten nuestra existencia en un paraíso o en un infierno. Si hablamos de qué nos influye más, el sexo se merienda a la razón. Dicen que Helena de Troya era tan bonita que su rostro hizo zarpar un millar de barcos. Un aplauso para ella; si te propones algo así, el deseo sexual es más útil que ponerte a negociar contratos con astilleros y marineros. Antes de la lucha feminista, las diferencias entre la actitud sexual de los hombres y la de las mujeres fueron una gran fuente de influencia y de poder para ellas. Gracias a esas diferencias, las mujeres pueden influir mucho en los hombres para civilizarlos.

Las personas son capaces de dominar, aliviar, amplificar y reprimir todos sus impulsos en mayor o menor medida, pero el sexo es el más rebelde. La dopamina es la molécula de la avidez, pero el sexo es el instinto de querer más y más y más, y esa característica lo hace único. ¿Por qué los demás instintos naturales no nos atraen con la misma intensidad hasta tales extremos? ¿Por qué la libido nos arrastra mucho más allá de su propósito, que es propagar nuestros genes?

Porque parte del «éxito» sexual se basa en la competencia.

La mayoría de los instintos nos instan a buscar cosas que podemos conseguir solos, como la comida, pero propagar la especie es cosa de dos. Hay que entender una «oportunidad» sexual como una audición a la que el hombre se presenta para llevarse el premio de la atención femenina. En lo que atañe al atractivo sexual, si un hombre se lleva el gato al agua una vez, tiene más posibilidades de triunfar en otras ocasiones. Eso significa que no solo ese hombre en particular, sino todos los de su condición —hombres sexualmente más atractivos y con más libido— se reproducirán más a menudo. No hace falta que hagan nada adrede para conseguirlo. Basta con que sean así de manera natural. Da igual. El resultado es que esta clase de hombres tienen una mayor presencia en el acervo génico.

Generación tras generación, la historia de la humanidad ha presenciado la entronización natural de aquellos hombres y mujeres sexualmente más activos y motivados. Por eso, en la época moderna, la libido se ha disparado de forma anormal, sobre todo, entre los hombres. No podemos librarnos del legado libidinoso de nuestros antepasados. De ahí, en parte, que nuestra cultura esté tan repleta de referencias sexuales. Pensamos más en el sexo de lo que tal vez desearíamos. Somos los descendientes de los antepasados que más sexo han podido practicar a lo largo de la historia.

Y, debido a todo esto, el neurotransmisor más potente de todos, la dopamina —y su capacidad para atraernos al amor y conducirnos por el laberinto de las relaciones—, es esencial para el imperativo biológico más intenso: la supervivencia a través de la propagación de la especie.

¿Debo preocuparme o simplemente me gusta mucho el sexo?

Pongamos los puntos sobre las íes: sentirse profundamente atraídos, o incluso obsesionados, por el sexo no es lo mismo que sufrir una adicción. Probablemente ni sea un problema. Un interés intenso y persistente por algo se vuelve problemático cuando deriva en una compulsión; cuando no puedes parar, aunque lo intentas muchas veces, o cuando afecta a tu trabajo, tu educación, tus relaciones o tu paz mental.

A mí me gusta la *pizza*. De vez en cuando, de camino a casa me entra antojo y le pregunto a mi mujer si quiere que vaya a por una *pizza* para cenar. Si ella dice que no, me paso por un lugar de comida rápida y compro un trozo. A veces como más *pizza* de la que debería. Pero nunca he perdido la capacidad de decir no: «Hoy no voy a comer *pizza*». Nunca he faltado al trabajo para meterme en un Domino's a pedir familiares supergrandes una detrás de otra.*

De hecho, podemos ser «adictos» (en el sentido más amplio del término) a cosas que son buenas para nosotros, como hacer ejercicio, meditar o rezar, y no querríamos cambiar. Una persona podría ser «adicta» al ejercicio hasta el extremo de sacrificar otras actividades de su día a día para hacer deporte, pero, a menos que no tenga tiempo para sus hijos o que falte al trabajo, ¡bendito problema!

Si te preocupa tener un problema con el sexo y crees que te convendría contactar con un profesional, analiza fríamente cómo el sexo afecta a tu vida y hazte estas preguntas. Quizás las respuestas indiquen que debes buscar la ayuda de un experto acreditado o quizás te guíen hacia cosas que puedes cambiar por ti mismo o con el apoyo de un amigo de confianza.

¿Soy sistemáticamente incapaz de resistirme al impulso de insinuarme a mi pareja? Si le pides a tu pareja que intime contigo más a menudo de lo que a él o ella le gustaría que se lo preguntaras, es posible que tu pareja se enoje y que tú te frustres. Ahora bien, en sí misma, esta situación no denota ningún problema más que la falta de tacto. El caso se vuelve más conflictivo

* En el capítulo 4 hablo de la *pizza*. Hay una diferencia entre sucumbir a un antojo y ser incapaz de resistirse a él. *(N. del a.)*

cuando te insinúas tan a menudo que, tanto si la otra persona te rechaza como si no, interfieres con su vida. O cuando dejas de cumplir con tus demás obligaciones, o cuando te distraes tanto buscando relaciones sexuales que tu día a día se ve afectado con regularidad. Aun así, también merece la pena abordar esa situación. Ser un caradura no es ninguna enfermedad y, por suerte, se puede arreglar: deja de culpar a la biología y no seas caradura.

¿Soy incapaz de resistirme al impulso de darme placer? Con esta pregunta llegamos a la duda que nos carcome y que late bajo la superficie de todo este capítulo: «¿Soy normal?», o, en este caso: «¿Me masturbo más o menos que el resto?». Por fin tenemos datos. Entre los dieciocho y los veinticuatro años, uno de cada cuatro hombres y mujeres se masturban varias veces al mes. En la misma franja de edad, cerca de una de cada diez mujeres lo hace varias veces por semana. Hay más o menos cuatro veces más hombres que se masturban con esa frecuencia. Hasta después de cumplir los cincuenta, la cantidad de gente que se masturba varias veces a la semana no cae significativamente, tanto en el caso de los hombres como en el de las mujeres.[1] En términos generales, los hombres se masturban más a menudo, pero no mucho más.

Aunque nos gustaría saber cómo de «normales» somos en comparación con los demás, lo más importante es si el onanismo nos impide hacer otras cosas que nos parecen importantes. Si la masturbación frecuente te quita tiempo que preferirías dedicar a cosas que valoras más, o si se está convirtiendo en un sustituto del esfuerzo que destinarías a buscar o cultivar una relación, eso podría ser síntoma de que necesitas prestar atención al problema.

¿Mi conducta sexual me consume tanto que me veo obligado a mentir sobre ella? Llegar tarde a una reunión de trabajo por culpa de un desenfreno puede ser algo de lo que presumir, pero si te pasa tan a menudo que siempre necesitas excusas, tal vez no tengas controlada tu conducta sexual. Cuando tu coartada se convierte en un elemento fijo de la conducta sexual, es probable que tengas un problema que resolver y, cuanto más lo pospongas, más te va a costar. Esta idea está directamente vinculada a los problemas que se abordan en la siguiente pregunta.

¿Estoy infringiendo mi código ético? Aunque la inmoralidad no esté necesariamente relacionada con la adicción, plantearte la moralidad de lo que estás haciendo y compararla con lo que aspiras a conseguir te puede ayudar a entender mejor el papel del sexo en tu vida. También puede motivarte a actuar como quieres actuar. Si estás en una relación, probablemente compartas una escala de valores o una misma sensibilidad moral con esa persona. ¿Lo que estás haciendo es una infracción de tu código ético? ¿Esta infracción conlleva un coste? En caso de que sí, ¿estás dispuesto a convivir con ello? Con tu conducta, ¿incumples el compromiso con tu pareja? Si tu pareja lo supiera, ¿supondría un problema para ella o para ti?

¿Mi actividad sexual puede llegar a acarrear consecuencias económicas, legales y médicas negativas? A la hora de abordar las consecuencias de la conducta sexual, conviene dedicar un tiempo a considerar el sexo como un acto físico disociado de los sentimientos. ¿Tus actos consumen recursos que compartes con otra persona? A veces la pornografía cuesta dinero; el sexo esporádico todavía más. La prostitución también y, encima, conlleva el riesgo de tener problemas con la justicia y causar perjuicio a tu reputación, además de los peligros para tu salud y para la salud de tu pareja y del trabajador o la trabajadora sexual. Déjate de debates morales y plantéate si tus actos podrían perjudicarte en términos de dinero, seguridad, salud, prestigio y estatus laboral.

¿Estoy usando el sexo para evitar algo? Hay gente que usa las drogas o el alcohol para aliviar el estrés o evitar un problema que se le hace bola. ¿Hay algún tema espinoso y recurrente que, siempre que te viene a la cabeza, te lleva a buscar el sexo para abstraerte?

Preocuparte por tu actitud respecto al sexo no es lo mismo que tener un problema sexual susceptible de hundirte la vida. La adicción al sexo también es diferente: es un impulso tan intenso que resulta irresistible y que normalmente es fruto de un sistema dopaminérgico descompensado. Si las preguntas previas han hecho saltar algunas alarmas, plantéate la opción de pedir ayuda. Debes entender este apartado como una prueba del algodón para saber si necesitas ayuda. También quiero que te sirva para estar tranquilo, eres totalmente «normal».

El sexo es un fenómeno alimentado por la dopamina que da lugar a la influencia de otros neurotransmisores para acabar generando una profunda experiencia emocional en el aquí y el ahora. Las ideas que exponemos aquí son para ayudarte en caso de que tengas más interés en el sexo del que te gustaría o si no eres capaz de controlar tu libido tanto como te gustaría. También queremos darte herramientas para reducir ese interés y para activarlo cuando se desvanece. Es inevitable que algunas de nuestras prioridades sean un reflejo de las expectativas culturales, el orgullo, la culpa y los gustos personales. Nuestra idea es desmenuzar algunos de esos conceptos para conseguir la vida sexual que queremos.

Atracción por frustración

El antiguo proverbio sobre cuál es el «mayor» órgano sexual es cierto: es el cerebro. Los cerebros transforman lo ordinario en seductor y lo raro en maravilloso. Esto es genial cuando el frenesí de la anticipación empieza a decaer, algo de lo que las relaciones largas suelen adolecer.

Para ayudar a mantener el vínculo sexual, disponemos de un método dopaminérgico de abstinencia voluntaria. En un artículo de *Psychology Today*,[2] Gregg Levoy observó que un componente fundamental de la pasión son los sentimientos provocados por la separación, que despierta las ganas de reencontrarse. Entiéndase como la versión carnal del «dolor tan dulce» que Julieta siente cuando Romeo se va: podemos crear una deliciosa anticipación sexual por medio de la espera. La llamaremos «atracción por frustración». Niégate un poco ese placer, porque el camino más directo a la renovación sexual es demorar la gratificación.

Para restaurar la intensidad del sexo, puedes hacer terapia, comprarte juguetes sexuales o hacer volar la imaginación, pero no hace falta hacer nada de eso para reavivar parte de la pasión. Remitiéndose a las ideas de la psicoterapeuta Esther Perel y la doctora Gina Ogden, Levoy ofreció varios mecanismos para mantener viva la llama cuando la dopamina ha desensibilizado los receptores y ha aumentado la necesidad de estímulos. A continuación, incluimos algunas de esas ideas adaptadas para que podáis mejorar vuestra relación sexual generando anticipación.

El trato silencioso. Acordad momentos concretos —horas o incluso un día entero— en que tú y tu pareja no vais a hablaros. Todo lo demás está permitido: podéis escribiros, haceros gestos, tocaros, dibujar cosas, apuntar con el dedo, etcétera. Pero nada de hablar. Al final podéis celebrarlo intimando, pero también sin hablar.

Ignoraos por completo. Llevad la estrategia anterior un paso más allá. Ahora no solo no podéis hablar, sino que queda prohibida cualquier comunicación. Durante este tiempo, fíjate en la frecuencia con que piensas en la otra persona y por qué. ¿Te entran más ganas de saber algo o alguna opinión de tu pareja? ¿Aprecias sus aportaciones por su conocimiento, su experiencia o su conexión contigo? ¿Obtienes placer simplemente de pensar en tu pareja? Cuando piensas en ella, ¿en qué términos lo haces?

Tened una «cita». Planificad un encuentro sexual con mucha antelación. En las horas o los días previos, id comentando algunos detalles de lo que pensáis hacer. Y a la hora de trasladar esa información...

Comunicaos en secreto. Cread nuevas direcciones de correo electrónico a fin de usarlas para vuestras conversaciones íntimas. Habrá personas que utilizarán esta vía extraoficial para seguir diciéndose las cosas que se dicen cuando intiman. Para otras, será un lugar en el que por fin podrán expresar lo que nunca dirían en voz alta. Esta plataforma separada nos ayuda a despertar la anticipación para generar un gran placer.*

Poned límites. Cuando vayáis a intimar, durante los primeros veinte minutos podéis «besaros», pero acordad alguna restricción peculiar o deliciosamente frustrante. Por ejemplo, pactad que no os vais a besar en la boca, o que no os manosearéis debajo de la ropa, o no hablaréis, o no os tocaréis por debajo de la cintura, o tal vez uno de los dos (o ambos) se vendará los ojos.

Intercambiad los roles. Acordad un día para intimar siguiendo estas nuevas reglas: la persona que suele iniciar los prolegómenos va a ser la pasiva, y la persona que normalmente se deja hacer va a ser la activa. Romper los esquemas puede hacer que el sexo vuelva a parecer misterioso y nuevo.

PERO ES QUE DA UN GUSTO...

Todos nuestros impulsos irresistibles tienen algo en común: están atentos en todo momento y sus sensores son muy sensibles a cualquier detonante. Pero el deseo de la

* Un aviso: comprobad dos veces el destinatario antes de enviar el mensaje. Todos hemos mandado correos a la persona que no era. Si mandas un mensaje de esos, la situación es especialmente incómoda. Es mejor usar un servicio de correo electrónico o una aplicación diferente para esos mensajes y tener una sola dirección en la lista de contactos. *(N. del a.)*

estimulación sexual es distinto. No nos atrae hacia una tarea pesada, como defendernos o incluso satisfacer la curiosidad o buscar posible comida. En el momento en que se activa, no es más que una invitación muy tentadora para gozar. El instinto sexual es tu compañero de correrías que te chilla en el oído para animarte a salir a ver qué encuentras. Sale de la dopamina del deseo y te espera en el caminito de entrada de casa, tocando el claxon y sin apagar el motor. Por esa razón, de todos los deseos humanos, el sexual es el más propenso a acallar la razón, ignorar lo que queremos a la larga y ocultarnos el riesgo y la desgracia.

La clave para dominar el sexo es prepararnos para ese momento en el que tendremos que elegir y reconocerlo cuando llegue. En ese pequeño lapso que pasa entre el impulso y la acción de la dopamina, entre el deseo y el control, es demasiado tarde para sopesar lo que nos importa en el futuro y compararlo con el aquí y el ahora; o para analizar la moral, la religión, el riesgo de enfermar, la probabilidad de que surja otra oportunidad igual, lo atractiva que es la otra persona, el tiempo que ha pasado o quién se va a enterar. Para poder responder cualquier cosa que no sea un «¡No!» culpable o un decidido «¡Sí, carajo!», debemos haber considerado la pregunta mucho antes. Al fin y al cabo, la respuesta es binaria y trascendental: ¿vamos a sucumbir a este impulso ahora, o lo apartamos? Si sucumbimos a él, ¿lo hacemos porque realmente queremos, o porque somos víctimas de un instinto biológico que ha aplastado el sentido común? Si lo rechazamos, ¿cómo vamos a convertir el arrepentimiento y el impulso en algo positivo? La frustración es muy variopinta, pero la frustración sexual suele ser la más difícil de gestionar, pues reclama insistentemente que aceptemos un premio de consolación antes de que desaparezca.

El aprieto dopaminérgico que provoca el sexo es como cuando llaman al timbre: nosotros vamos a asomarnos a la mirilla para ver qué hay fuera y responderemos con un acto reflejo o con una respuesta meditada. Que el resultado sea mejor o peor y que nuestra vida sexual sea más o menos feliz dependerá de lo que hayamos hecho para preparar ese momento crucial.

9

CÓMO SEGUIR EN PAREJA

La dinamita que acecha en todo momento

En el mundo occidental, hace tiempo que los aspectos legales del matrimonio no son tanto una necesidad como una póliza de seguro para esos días negros que, para la mayoría de las parejas, no llegan nunca. Hasta época reciente, el matrimonio fue solo una versión jurídica de las costumbres culturales universalmente aceptadas. Era un compromiso público con la monogamia y sus beneficios. La necesidad de formalizarlo era esencialmente económica: el matrimonio legal brinda protección al resto de la familia cuando el miembro que se gana el pan abandona el hogar o muere. Cuando las mujeres no podían trabajar, el Estado tenía mucho interés en asegurarse de que el marido no abandonaba económicamente a su esposa ni a sus hijos, so amenaza de una sanción considerable.

El antiguo modelo del «esposo trabajador y la esposa ama de casa» ya no es ni de lejos tan habitual, así que la protección financiera del marido importa mucho menos. No obstante, eso es solo la mitad del propósito del contrato matrimonial. Nuestro interés por la dificultad dopaminérgica de permanecer juntos empieza por la otra mitad: la moralidad, y el hecho de que éticamente el matrimonio y el compromiso también presentan argumentos menos convincentes que antes.

El matrimonio engloba los tres componentes del amor postulados por la antropóloga Helen Fisher —la libido, la atracción y el apego— y los encierra dentro de un agradable corsé constructivo y público. Es un contrato, y la aceptación de su jurisprudencia se anuncia con alborozo por medio de la jerigonza ceremonial en un acto público especial, coronado con una celebración.* Sin embargo, la legitimación del matrimonio no crea incentivos para el emparejamiento en sí, sino más bien para el mantenimiento de la unión, lo cual nos conduce al propósito de este capítulo. ¿Cómo seguimos en pareja cuando nos acecha la llamada constante de la dopamina hacia lo nuevo y desconocido, que son elementos que también encienden la chispa del idilio amoroso?

Las personas casadas son libres de encontrar atracción y apego fuera de la relación, pero la ley amaga con castigarlas si sucumben a la libido extramatrimonial. ¿Por qué la ley no se centra en los otros dos fenómenos? Pues porque la libido es la fuerza más poderosa de las tres, un alud irrefrenable de placer biológico. La ley,

* Otro factor relevante en este sentido es el tabú histórico (ahora casi obsoleto) contra la cohabitación. Aunque las objeciones más habituales a esa forma de convivencia eran las religiosas y morales, el combustible práctico del tabú era que cohabitar sin estar casados no aportaba ningún sostén económico a las mujeres y los niños abandonados. *(N. del a.)*

que tiene el monopolio de la violencia, pasa de puntillas por los fenómenos simples del apego y la atracción. Pero la libido, vinculada a la sensible biología, se descontrola enseguida y a veces solo se puede contener con otra respuesta biológica: el dolor y la amenaza del dolor. Las costumbres cambian, pero el coito extramatrimonial sigue siendo un anatema, un Rubicón infranqueable, un museo en el que está permitido mirar, pero no tocar. Casi todos los matrimonios sobreviven al coqueteo con otras personas, pero pocos superan la infidelidad.

Y eso sucede incluso cuando ambas partes pactan la «infidelidad» de antemano. Ante el aparente auge del poliamor y las relaciones abiertas del siglo XXI, merece la pena remitirnos al estudio original de 1981 de Gay Talese, *La mujer de tu prójimo*, que analizó este fenómeno. Talese estudió las numerosas comunidades aparecidas en el siglo XX y basadas en las relaciones sexuales poliamorosas, así como las relaciones que degeneraron en ese tipo de vínculo, a menudo por imposición de un líder (masculino). Talese llegó a participar en algunos de esos grupos. Lo que observó en todos los casos analizados fue que las comunidades sexualmente abiertas caían enseguida en el libertinaje, la hostilidad o la violencia. Eso no quiere decir que esa clase de unión sea imposible, pero la inmensa mayoría de las pruebas —para Talese, prácticamente todas— nos dicen que el acceso libre al sexo acaba dinamitando el apego, la atracción, la comunidad y la familia. La libido siempre encuentra un resquicio. Las personas que quieran probar estructuras no monógamas deberían ser libres de hacerlo, pero tienen que saber lo que les espera. La libido es como un explosivo que dinamita todos los ámbitos de la relación. En Occidente, no hay muchos indicios de éxito fuera del modelo de matrimonio occidental.

No obstante, ahora que para muchas parejas se ha extinguido la motivación económica del matrimonio, ¿nos bastará con el amor? Seguramente no, pero entender los tres elementos del amor nos puede enseñar trucos prácticos para seguir en pareja. Si queremos que nuestra relación dure, necesitamos una serie de prácticas y actitudes deliberadas que reflejen no un afán por desafiar nuestras tendencias problemáticas, sino por reconocer su poder y redirigirlas.

«Priorizarse» dentro del matrimonio: un alegato

Para que te vaya bien en pareja, tú debes figurar siempre en lo más alto de tu propia jerarquía.

Históricamente, en Occidente, hemos buscado una pareja fija porque sentimos deseo sexual por alguien, además de curiosidad intelectual y emocional, y, luego, porque sentimos otra cosa: el deseo de formar parte de un dúo. Quizás la expresión sublimada de la preferencia humana por la comparación individual es la atracción por las cosas que van de dos en dos, y no en grupos de tres o más. Una vez dentro de esa relación, buscamos oportunidades para practicar la abnegación, rechazando la llamada de la dopamina del deseo para alardear, por ejemplo, de que estamos ignorando a una persona atractiva para mimar a nuestra pareja. Lo que esperamos es que nuestra pareja perciba nuestro compromiso a través de la atracción y el apego, y que refuerce el suyo. La abnegación no es solo un signo de madurez, sino una forma práctica de ayudar a la pareja a seguir juntos.

Cuando intentamos convencer a la otra persona de nuestro compromiso, muchas veces le decimos, con total sinceridad, que él o ella es lo más importante de nuestra vida. Pero si de verdad es así, estamos cometiendo un error.

Pensar en uno mismo dentro de cualquier relación no solo es positivo, sino necesario. Si no cuidas de ti, tendrá que hacerlo otra persona, probablemente alguien cercano a ti. Si no te comprometes de veras con el deber de responsabilizarte de ti mismo, te estarás convirtiendo literalmente en el problema de otro.

En una relación larga, asumir la responsabilidad de uno mismo es la única actitud capaz de mantener el vínculo a largo plazo. A la relación se llega dispuesto a dar, cosa que nos convierte en candidatos perfectos para el apego. Si la otra persona entiende el emparejamiento de la misma forma, el resultado son dos personas en sintonía preparadas para resistir al imán de la distracción dopaminérgica. Cuando nos comprometemos a estudiar (y a satisfacer, según convenga) las demandas urgentes y peripersonales como seres independientes, gozamos de más libertad para afrontar las demandas extrapersonales, demandas que *a priori* requieren la sangre fría, la imaginación y el compromiso de la dopamina del control. Una vez que ya hemos priorizado la autorresponsabilidad, podemos preocuparnos de otras cosas, y el primer lugar de esa lista deberían ser las necesidades de la persona a quien amamos. Es en este sentido que nuestra pareja debería ser nuestra «máxima» prioridad. Nos comprometemos a satisfacer nuestras propias necesidades en la medida de lo posible, para así poder entregarnos más plenamente a otro.

Surgirán complicaciones porque la vida es así y un matrimonio es un matrimonio, pero priorizarnos de esta forma significa que, cuando surjan problemas, ambos miembros de la pareja estarán mejor equipados para brindar apoyo e incluso un cariño incondicional. Esa seguridad es una de las principales ventajas de estar emparejados. Los beneficios, por no decir los placeres, del matrimonio dimanan de esto. Por ejemplo, si una pareja decide formar una familia, va a necesitar personas comprometidas y dispuestas a entregarse y ser fieles. Decir «Primero voy yo» es el punto de partida para abordar otros problemas de pareja a medida que aparecen. A los niños también les resulta fácil de entender y casa con la mayoría de las doctrinas religiosas y filosóficas responsables, en caso de que seas una figura paterna que se inspira en esos métodos.

A pesar del apego y del amor, la gente tiene que hacer frente a problemas complicados. La mayoría no tienen fácil solución. De hecho, ni siquiera tienen solución, y al final nos vemos obligados a convivir con las circunstancias. Pero para que el apego tenga más opciones de sobrevivir, debemos cultivarlo cuidando de nosotros mismos, a fin de poder cuidar mejor de nuestra pareja cuando sea necesario. Eso es crucial, porque cuando el apego se desvanece, hay pocos motivos para canalizar de forma productiva la libido y la atracción. «Primero voy yo» se convierte en «Solo yo», y el matrimonio se marchita.

Una bonita mentira

¿Necesitas una razón para seguir en pareja a pesar de vuestra infinidad de dificultades? El paso del tiempo no solo cura las heridas. Es capaz de alterar nuestros recuerdos para aplicarles una pátina más positiva.

Abrazar a quien amas es bonito, pero nada lo es tanto como el amante al que aún no conocemos. La dopamina nos atrae hacia el amor revistiendo de optimismo (e incluso de confianza) cosas que no son seguras. Nos hace creer que una pareja sentimental podría ser la que siempre hemos querido, la que satisfará todos nuestros deseos, la que por fin hará realidad nuestros sueños. En el amor, la dopamina va con todo. Y, por si no fuera suficiente impedimento a la hora de gestionar los problemas del corazón, hay otro factor neurológico que nos puede confundir, no respecto del amor posible, sino respecto del amor que ya tenemos.

Pongamos el ejemplo del disco duro del ordenador. Un documento del disco duro solo cambia si tú decides modificarlo y guardar los cambios. Tu cerebro almacena los recuerdos de forma muy parecida: cuando evocas un recuerdo, lo disfrutas, lo compartes o incluso lo rechazas. Pero seguramente lo que sucede a continuación no es lo que esperas. Después de pensar en ese recuerdo, sustituyes las «imágenes» antiguas del cerebro por otras nuevas, y esa versión revisada se altera según te hayas sentido en ese momento. Es algo que llamamos «reconsolidación». El objetivo es que los nuevos conocimientos y experiencias puedan influir en los recuerdos para ayudarnos a darle sentido a nuestro pasado. Tal vez ahora tengas en alta estima a tu pareja sentimental, pero, cuando os conocisteis, no la soportabas. Al activar esos sentimientos más positivos y recientes, vas a rememorar, manipular y volver a grabar el recuerdo de cuando conociste a la persona en función de ese cambio. Quizás ese conjunto chillón y ese gorro ridículo ya no te parecen tan chillón ni tan ridículo. Quizás ese comentario desagradable que le hizo al camarero ahora parece un poco avispado, si te paras a pensarlo. Quizás esa primera cita tan incómoda no lo fue tanto.

Y, sin embargo, lo fue. Lo que pasó en esa cita no ha cambiado. Lo que ha cambiado es cómo registras esos hechos. Cada vez que evocas un recuerdo, tu cerebro está amasando los sentimientos negativos (o tal vez endureciendo los positivos, pues funciona en ambas direcciones) para hornear algo que concuerde mejor con cómo te sientes ahora. Tal vez hoy estás enojado con tu pareja y piensas que esa primera cita tan horrible eran «los buenos tiempos»... Que sepas que estás endulzando esos recuerdos porque quieres creer que las cosas no siempre fueron así de mal. O quizás tu recuerdo de esa noche es peor de lo que fue porque quieres justificar tu arrepentimiento actual. O el recuerdo podría ser diferente en algún otro sentido.

Por lo tanto, nuestra búsqueda del amor auténtico con personas auténticas, fundado en experiencias auténticas, parte con un par de desventajas —o de ventajas, si no te importa amar con una dosis extragrande de ilusión— biológicamente interiorizadas.

Aun así, nuestra dúctil memoria también es una vía para conseguir que la relación funcione, al permitirnos quitar hierro a lo que tal vez no seamos capaces de perdonar u olvidar. Con el tiempo, la incapacidad para distinguir entre los hechos y los recuerdos podría ser justo lo que hace posible el amor. Esta forma de vivir y de amar se basa en una serie de bonitas mentiras o, al menos, de mentiras útiles: seguimos avanzando atraídos por quimeras dopaminérgicas de futuros posibles, y nuestra relación no muere porque mejoramos conveniente y perpetuamente nuestra percepción del pasado.[1]

En el resumen[2] de un estudio de 2018 sobre este tema, se empieza describiendo el problema eterno de la pasión. En un subcampo repleto de descriptiva jerga aséptica sobre la vida pasional, la introducción de los autores merecería algún tipo de galardón por su gélido estudio de los temas del corazón: «Es difícil preservar el aire novedoso y estimulante de las relaciones sentimentales durante largos períodos de tiempo. Tenemos constancia de los variados y denodados esfuerzos de las personas enamoradas por proteger y conservar su relación sentimental». Y que lo digas, tío. Y que lo digas.

Después de documentar la realidad, los autores sugieren que esa bonita mentira no solo es útil, sino directamente indispensable. Eso será fascinante para el público (aunque no para sus miembros más cínicos o realistas), pero para los psicólogos no es nada nuevo. En 1988, Shelley Taylor y Jonathon Brown propusieron que la verdad no es como se la pinta, al menos en términos de salud mental. La idea hasta entonces había sido que necesitamos interpretar el mundo con objetividad, pero Taylor y Brown argumentaron que vemos el mundo a través de un filtro de color rosa. Según ellos, eso no solo no es malo, sino que es importante para cuidar del bienestar emocional.[3] El nombre que esos científicos dieron a esta falsa percepción es la «ilusión positiva». Treinta años después, los autores de ese estudio señalaron que el beneficio de la ilusión positiva se evidencia en las parejas sentimentales funcionales. Cuanta más ilusión positiva se detectaba en una pareja, más duraba esta, más satisfechos se declaraban sus miembros y menos conflictos decían tener.

Al final de la película ganadora del Óscar *Annie Hall*, Alvy Singer recuerda la última vez que vio a su exnovia, Annie, la chica que se le había escapado. Según él, estamos dispuestos a vivir una gran mentira para experimentar el amor en cualquier formato, aunque solo nos quede la pura imaginación:

> Fue magnífico volver a ver a Annie. Me di cuenta de lo maravillosa que era y de lo divertido que era tratarla y re... recordé aquel viejo chiste... aquel, aquel del tipo que va al psiquiatra y le dice: «Doctor, mi hermano está loco. Cree que es una gallina». Y el doctor responde: «Pues, ¿por qué no lo mete en un manicomio?». Y el tipo le dice: «Lo haría, pero necesito los huevos». Pues, eso más o menos es lo que pienso sobre las relaciones humanas, ¿saben? Son totalmente irracionales y locas y absurdas..., pero, mmm, supongo que continuamos manteniéndolas porque la mayoría necesitamos los huevos.[4]

El efecto del bocadito

¿A quién no le suena el verso «el adiós es un dolor tan dulce», de la obra *Romeo y Julieta* de Shakespeare? La frase aparece en medio de un verso más largo pronunciado por Julieta: «¡Buenas noches, buenas noches! El adiós es un dolor tan dulce / que os desearé buenas noches hasta que venga el mañana». Ninguna frase se incrusta así en un idioma durante medio milenio a menos que remueva algo en nuestro interior. ¿Por qué este verso nos parece tan romántico? A nadie le gustan las despedidas, sobre todo, de la persona amada. Pero ¿por qué «dulce»?

La respuesta está por todas partes: en los muestrarios de los supermercados, en la popularidad de Victoria's Secret y en el poder cautivador de un beso robado. A veces, una pizca de algo basta para que nos quedemos absortos esperando más.

Piénsalo: queremos lo que no tenemos, pero ¿cómo puede ser? Nuestra imaginación necesita una semilla, un atisbo de lo que está tan lejos, para pensar que eso podría hacernos felices. Con una muestra diminuta puede embarcarnos en un periplo. Para muchos de nosotros, ¡probar un nuevo tipo de queso de muestra en el supermercado es suficiente para meter en el carrito un kilo entero de queso! Imaginamos que poseer esa cosa entera (o, al menos, poseer más de ella) será fantástico: como todavía no hemos disfrutado de eso durante mucho tiempo, somos libres de idealizarlo.

¿Qué nos atrae más, un desnudo integral o un poco de piel atisbada bajo un picardías de Victoria's Secret?

¿Qué nos despierta un deseo más irresistible, ser la mitad de una pareja con toda la privacidad del mundo o besarnos secreta y apasionadamente en casa del vecino durante una fiesta? Probar un bocadito de algo posible tiene mucha fuerza porque este pedazo de emoción puede activar todo el sistema dopaminérgico. Es más, la ilusión que genera la dopamina suele ser más satisfactoria que disfrutar de algo aquí y ahora. Parafraseando a Carly Simon, no podemos conocer el mañana, pero eso no nos impide obsesionarnos con ello. Julieta ya había catado un poco del futuro posible con Romeo. Cada adiós era una nueva oportunidad para deleitarse con la imaginación.

El poder de la anticipación explica el valor del «carácter independiente» a la hora de mantener el apego. Cuando hablamos (Carly Simon cantaba) de una relación formal, a menudo decimos que «dos se convierten en uno», pero los que han estado en un vínculo así saben que suena mejor de lo que normalmente es. Lo que de verdad nos interesa es una variación de esa idea: dos personas que consagran una unión en la que conservan su carácter independiente. No reemplazar dos personas por una relación, sino construir una relación que se suma a lo que ya existe. Mantener ese carácter independiente garantiza una cierta distancia y, por consiguiente, algo de misterio, cosa que aumenta la emoción de la libido y la atracción dopaminérgicas. Si no hubiera distinción entre las dos personas, no quedaría nada por descubrir del otro y, si no queda nada por descubrir, no hay nada que pueda seducirnos para querer más. Como dijo Gregg Levoy: «Nos interesa seguir teniendo hambre». Lo podemos conseguir cultivando la relación a la vez que cultivamos nuestra individualidad, no haciendo lo primero a expensas de lo segundo.[5]

¡VAMOS A HACER ALGO NUEVO!

Podemos reavivar las cenizas de nuestra pasión dopaminérgica saliendo de la rutina y haciendo algo nuevo. Por eso las parejas que creen que han caído en la rutina suelen organizar escapadas románticas. Normalmente, lo romántico nos hace pensar en playas, palmeras y cócteles exóticos en un chiringuito con una puesta de sol en el horizonte. No está mal, porque solemos soñar con islas tropicales remotas, y soñar despiertos es una actividad dopaminérgica. Pero hay otra opción igual de efectiva: una escapada con actividades que hayáis elegido únicamente porque no las habéis hecho nunca. Podrían ser actividades de riesgo, como el *rafting*, o intelectuales, como una excavación arqueológica. También podrían ser cosas simples como visitar una ciudad en la que no hayáis estado, aprender un deporte al que no hayáis jugado o viajar de un modo que no hayáis probado: coger un tren o un crucero, ir de acampada o cambiar los hoteles por apartamentos de Airbnb.

Ni siquiera hace falta que os mováis. Podéis ir probando cosas nuevas sin apenas gastar. Estas son algunas ideas:

- Comprad un juego de mesa y aprended a jugar.
- Presentaos como pareja a los vecinos que no conocéis. Invitadlos a cenar.

- Apuntaos a una sesión para aprender a pintar, escribir poesía, improvisar o cantar.
- Id al centro comercial. Cada uno coge un billete de diez dólares. Tenéis treinta minutos para compraros algo sorprendente el uno al otro.
- Salid a cenar y pedid el uno por el otro. La idea es no pedir nada que sepáis que la otra persona ya ha probado. Susurrádselo a quien os venga a tomar nota para que sea un secreto hasta que os sirvan el plato.
- Id una noche al karaoke a cantar, sobre todo, si no se os da bien.
- Elegid una ciudad, un parque o un destino que esté más o menos a una hora de donde vivís. Así tendréis tiempo para haceros ilusiones de camino allí y para hacer balance durante la vuelta. Si no hay nada que os apetezca explorar, elegid cualquier cosa.
- Id a una tienda de segunda mano. Y si antes hacéis una lista de cosas que os gustaría encontrar, mejor que mejor.
- Leeos un libro en voz alta.
- Escribíos una carta de amor el uno al otro en quince minutos. Cuando hayáis acabado, intercambiadlas y leedlas en voz alta.
- Cocinad algo juntos.
- Organizad una fiesta a última hora. Solo necesitáis cervezas, refrescos, algo para picar, música y el número de teléfono de algunos amigos y vecinos para llenar el espacio que tenéis en mente.

El objetivo es colocarse en una posición en la que ninguno sepa a ciencia cierta cómo reaccionará el otro. Como ya os gustáis, probablemente el resultado sea placentero, tanto si cumple vuestras expectativas como si os sorprende. Ambos gozáis del placer dopaminérgico de imaginar lo que va a suceder. Al final, la experiencia os recordará que vuestra pareja aún os puede sorprender gratamente. La dopamina también os hará soñar de nuevo qué otras fantásticas sorpresas podría depararos la otra persona.

La única condición es que tenéis que hacer algo sí o sí. Si os quedáis en el salón de vuestra casa pegados a una pantalla, nada de eso va a suceder. Depende de vosotros: de los dos.

La cámara de Pam y de Jim

Al dirigir nuestra atención al futuro, la dopamina nos distrae y nos impide disfrutar del placer actual. Lo hace de manera tan sutil e insidiosa que ni siquiera sabemos que nos hemos perdido algo. Si es verdad que lo único que tenemos es el presente, deberíamos decidirnos a disfrutar del momento y reforzar su importancia haciendo algo que lo ponga en valor. En *The Office*, hay un capítulo en el que Pam y Jim se casan. Cada poco rato uno de ellos se para, coloca las manos en forma de cámara y hace clic apuntando a la otra persona. Su propósito es saborear mejor ese día único en su vida, pero hace más que eso. Ese gesto les permite cambiar sus prioridades. De vez en cuando deciden tomarse un descanso para asimilar el placer del aquí y el ahora.

Por lo general, se nos da muy mal disfrutar del presente porque estamos pensando en lo que vendrá después. Jim y Pam creen que están inmortalizando recuerdos, pero eso sería quedarse cortos. Están asegurándose de vivir un día de boda diferente, íntimo y placentero, que, por suerte, tendrá el efecto secundario de ser más memorable.

El aquí y el ahora merece tu atención, y buscar momentos que «fotografiar» te devuelve incesablemente al presente. Tomar fotos con una cámara imaginaria es un acto ritual que te recuerda que sea lo que sea que está sucediendo ahora mismo es más importante que el futuro que estás imaginando, porque el futuro que imaginas podría no llegar jamás. Por eso es importante aprovechar al máximo el presente. No solo para disfrutar más adelante recordando un hecho pasado, y no solo para anticipar lo que podría depararnos el futuro. Regocíjate en el momento. Deja que la experiencia te ocupe la mente mientras sucede. Disfruta.

Llévate tu cámara imaginaria allí adonde vayas. Hazlo por ti y por tu pareja. Todos los días están repletos de momentos que merece la pena recordar, y que merece la pena vivir de manera auténtica y completa.

¿CÓMO SE ARREGLA UN CORAZÓN ROTO?

¿Y qué pasa con los desamores? Aunque puedes hacer cosas concretas para sentirte mejor, lo más ilusionante es saber que tu sistema dopaminérgico no tardará en llamar tu atención hacia potenciales parejas nuevas. Mientras tanto, busca confort en el sistema del aquí y el ahora.

El presente puede ser una tortura, pero también esconde una cura. He aquí algunas opciones para aliviar la incomodidad y volver a un estado emocional en el que no cierres la puerta a la llamada dopaminérgica de un potencial nuevo amor.

Acepta la tristeza. Que te rompan el corazón duele. Lo que sientes es normal. Tu instinto es ahuyentar los sentimientos negativos. No lo hagas. Si aceptas el malestar e incluso el dolor, interiorizarás esos sentimientos y harás del aprendizaje una ley de vida. Una vez en ese punto, empiezas a dejar atrás esos sentimientos y la propia relación y te abres a una nueva conexión.

Sé honesto con tus antiguos —y tal vez actuales— sentimientos por la otra persona. Quizás sientas la tentación de decir que no estabas enamorado de verdad, que te habías autoconvencido de que la otra persona te amaba, que la relación no era real o, lo que es peor aún, que era un calvario. Estas cosas pueden ser ciertas, pero muchas veces son solo un bálsamo para un corazón roto. Sé sincero contigo mismo. Es mucho más probable que la relación tuviera muchos aspectos positivos, pero que ahora los estés ignorando porque es más fácil perder algo que no tiene ningún valor. En vez de hacer eso, piensa en lo positivo que sacaste de la relación, en los motivos por los que estás agradecido, en los buenos ratos que pasasteis y en las cosas que has aprendido para la próxima. Haz una lista de esas cosas, o incluso anótalas por escrito, y da las gracias. Aunque la relación se haya cobrado un alto precio, ya has perdido los sentimientos, el tiempo y lo que invertiste en ella. Esas cosas son agua pasada y no podrás recuperarlas. Es mejor cosechar los beneficios de vuestro tiempo juntos y enterrar tanto lo bueno como lo malo.

Haz actividad física. Cuando haces ejercicio, lavas el coche o sales a pasear, tu cuerpo libera endorfinas, unos neurotransmisores que elevan el estado de ánimo. Lo último que te apetece es moverte. Pero tú hazlo igualmente. Cuando tomas la decisión de levantarte e ir de un lado para otro, aunque estés para el arrastre, casi seguro que te sientes mejor en unos minutos. Te llenará de orgullo saber que te has sobrepuesto a la melancolía. En cuanto lo haces una primera vez, a la próxima te resulta más fácil. Además, tienes la opción de programar varias actividades físicas al día. No solo es un buen remedio para corregir tu actitud, sino que también mejoras tu estado de salud a la larga.

Sé considerado con los demás y haz algo por ellos. Una ruptura hace que nos recluyamos en nosotros mismos, pero la solución no se encuentra solamente en nuestro interior. Mira al exterior. Piensa en algo que sepas que un amigo tuyo necesita y hazlo. No reveles tus intenciones ni pidas permiso. Si sabes que se tiene que hacer, toma la iniciativa. Cuanta más autonomía demuestres al ayudar a los demás, más confiarás en poder sobreponerte a tu dolor.

Infúndete ánimo a ti mismo. Si te preguntas sarcásticamente qué debió de ver tu ex en ti, responde con sinceridad. Pon por escrito las cualidades que tengas y que te parezcan admirables, cosas sobre ti que tu futura pareja sentimental podría apreciar o que alguna expareja tuya haya apreciado en el pasado. Algunos ejemplos son que siempre escuchabas cuando tu novio o novia necesitaba hablar, cocinabas de maravilla, llegabas con regalos sorpresa o tratabas bien a sus padres. Tampoco te olvides de detalles más sutiles: por ejemplo, entendías cuándo la otra persona necesitaba «espacio» o sabías compenetrarte con su ritmo vital y sus hábitos. Alguien te tiene que dar las gracias, y en este momento eres el único capaz de recordarte a ti mismo el valor que aportabas a esa relación, y también lo que hiciste bien. Reconócete ese mérito.

10

PRODUCTIVIDAD Y AVANCE

Cómo la ambición se hace realidad

La ambición sin productividad es solo un sueño; es la productividad la que la hace realidad.

Cuando damos con sistemas eficaces y originales para hacer algo, cobramos ventaja. Para eso debemos controlar y canalizar la dopamina, y es algo que merece la pena. Mejorar un proceso, aunque solo sea un poquito, puede brindarle grandes beneficios al mundo, y quienes lo consiguen suelen acaparar más dinero, prestigio, poder e incluso pasar a la historia.

En 1855, Ralph Waldo Emerson dejó escrito lo siguiente en su diario: «Si un hombre [...] sabe hacer mejores sillas, cuchillos, crisoles u órganos eclesiásticos que cualquier otro, el camino hasta su casa será ancho y concurrido, aunque viva en medio del bosque». Una generación más tarde, Emerson acababa de morir y se le atribuyó esa misma idea, pero expresada con otras palabras que han perdurado en el acervo: «Si un hombre es capaz de [...] fabricar una trampa para ratones mejor que sus vecinos, [...] el mundo se abrirá camino hasta su puerta».

La dopamina nos ayuda a identificar esas oportunidades, luego nos motiva a actuar y nos permite poner en práctica nuestras ideas. Nos aporta la astucia y la sangre fría para crear algo de la nada o mejorar lo que ya tenemos. De esta forma, la dopamina nutre el progreso tecnológico y también nuestra habilidad personal para «avanzar». Es el gran motor de la productividad y de la mejora individual y colectiva.

DOS TIPOS DE PENSAMIENTO...

Encontrar mejores métodos para hacer las cosas es un proceso compuesto. El primer paso es el «pensamiento divergente», la acumulación de ideas potencialmente útiles (y *potencialmente* es la palabra clave). Dado que la idea es reunir el máximo número de elementos posibles con la esperanza de descubrir algo útil, lo ideal es alzar la barrera y dejar que entre casi todo. Si un elemento o una idea no es del todo descabellado, debemos sopesarlo. Al menos, ese es el objetivo. Durante la mayor parte del tiempo, nuestros cerebros se dedican a descartar automáticamente muchas cosas, porque la mayor parte del tiempo necesitamos que las descarte. Si prestáramos atención a todo, no llegaríamos al final de la jornada.

La próxima vez que estés paseando por una acera llena de gente, párate a observar lo que normalmente no ves. No te fijas en los adoquines. No prestas atención a las caras de los transeúntes. No estás atento a los dibujos que trazan las nubes en el cielo, ni al ruido del tráfico, ni al tacto de la ropa con tu piel. Tu mente está concentrada en llegar a algún sitio. Si piensas en el roce de la chaqueta con la piel de los hombros, te distraerás y andarás más despacio, y tu mente está centrada no solo en concluir la tarea que sea, sino también en hacerla con la mayor eficiencia posible.

Para describir lo importante que algo nos resulta en un momento dado, hablamos de «relevancia». Nuestro cerebro clasifica —es decir, asigna distintos grados de relevancia— sin que nosotros seamos conscientes de ello. Cuando paseamos por la acera, el tráfico ostenta escasa relevancia para nosotros. Pero cuando vamos a cruzar la calle en rojo, el estruendo de los vehículos es lo más relevante de nuestra vida.

El pensamiento divergente es un proceso dopaminérgico. La dopamina responde a lo nuevo, sobre todo a aquello que puede mejorar nuestra vida. Siempre está atenta a la aparición de nuevos recursos. Es feudo del circuito del deseo. Un pensamiento divergente intenso nos obliga a atribuir más relevancia a estímulos que, por lo general, ignoraríamos. Nos interesa prestar atención a las cosas que últimamente hemos pasado por alto o casi no hemos visto, a fin de poder recabar cosas potencialmente útiles.

Esas cosas nos vienen bien para el segundo paso, cuando dejamos de recopilar materiales sea cual sea su utilidad y empezamos a reflexionar intelectual y emocionalmente. Una vez reunidas las piezas, vamos a intentar encajarlas en funciones alternativas y combinaciones nuevas. Nos quedaremos con algunos elementos, descartaremos otros y estudiaremos métodos de conectarlos en pos de un objetivo. Ese proceso de clasificación y resolución se llama «pensamiento convergente», y es el complemento del pensamiento divergente. En esta fase, vamos a estudiar conexiones para saber qué resultados útiles son posibles y, luego, vamos a elegir el mejor. En el pensamiento convergente se enciende el circuito dopaminérgico del control, que activa la corteza prefrontal, el área del cerebro donde tomamos decisiones, resolvemos problemas, planificamos, organizamos y llevamos a cabo la mayoría de las habilidades cognitivas. La corteza prefrontal es lógica, controlada y sistemática.

Si quiero hacer una tarta mejor, el proceso divergente consistirá en hacer una lista de los ingredientes que pueden ser útiles en repostería. Además de los ingredientes básicos como la harina, los huevos y la leche, voy a escribir otras cosas que se utilizan en algunas tartas, pero no en todas: cacahuetes, nueces, anacardos, trozos de fruta y canela. También incluiré en la lista cosas que no son normales en ningún pastel, como crema de cacahuete, rábano rayado, helado derretido, pimienta negra, sopa de tomate, cerveza y puré de patata. Si en esta fase me abro bastante de mente, también puedo incluir alternativas al método habitual de hacer una tarta. En lugar de usar un horno, puedo valorar hacerla a la parrilla o ahumada, o tal vez algún método en el que no tenga que calentarla. Escriba lo que escriba, la variedad de elementos posibles que usar en la tarta solo está limitada por mi capacidad para sobreponerme a la escasa relevancia atribuida a la infinidad de cosas que se han diluido en mi mapa mental (las cosas que ni siquiera veo). Entonces, en la segunda fase del proceso, me voy a centrar en clasificar y combinar algunas cosas y en descartar otras.

Voy a probar, experimentar y rehacer el plan mentalmente. Gracias a esos experimentos y cálculos mentales, idearé mi nueva tarta.

La naturaleza también utiliza este proceso bifásico. Dentro de los organismos se produce todo tipo de variabilidad genética, pero las únicas variaciones que aumentan la capacidad de supervivencia del organismo se legan a las futuras generaciones. Es un proceso llamado «selección natural» y su resultado es la propagación constructiva de la especie. La variabilidad genética aleatoria se parece al pensamiento divergente, y la transmisión de los atributos biológicos ventajosos (por medio de la «supervivencia del más fuerte») se asemeja al pensamiento convergente.

La unión de los pensamientos divergente y convergente es muy potente. Como dijo el poeta Criss Jami: «Crea con el corazón; construye con la mente». La fuerza de los dos tipos de pensamiento radica en su combinación: el divergente sirve para abrir la mente y recoger información, mientras que el convergente permite reflexionar. Pongamos como ejemplo la gente que padece TDAH, un trastorno vinculado a un circuito dopaminérgico del deseo sobrexcitado que provoca impulsividad. Con el exceso de actividad de la dopamina del deseo, la dopamina del control no se activa lo bastante y eso causa dificultades de concentración y atención. Por eso, la gente con TDAH muestra habilidades tan increíblemente dispares. Por ejemplo, hay personas que parecen dotadas para fundar empresas, pero no tienen buena mano para gestionarlas; la primera actividad es más propia del pensamiento divergente, mientras que la segunda requiere más pensamiento convergente. En general, las personas con TDAH tienen un gran talento para esas formas libres y flexibles de la cognición necesarias para el pensamiento divergente, pero sufren con la cognición más estructurada que requiere el pensamiento convergente. Para ellos, tener ideas nuevas es más sencillo que urdir planes prácticos para llevarlas a cabo.

A diferencia de lo que sucede con otras muchas clases de procesamiento mental, no es importante aprender a equilibrar estas dos fases. Aun así, cuanto mejor se te dé cada una de ellas, mejor. La genialidad siempre aparece usando «una mente desatada y un ojo disciplinado», como dijo la escritora Dorothy Parker.

... Y CÓMO APLICARLOS CON MÁS EFICACIA

Para ser más productivos tanto personal como profesionalmente, hay que potenciar nuestra capacidad para encontrar y elaborar soluciones originales a problemas complicados. Para desarrollar nuestro pensamiento divergente, que consiste en reunir nuevas ideas, prueba estas técnicas:

La lluvia de ideas. Es un clásico, pero funciona bastante bien. Elige el tema o el problema que te preocupe y escribe todo lo que te venga a la mente. Nada está de más. La intención es acceder a ideas que normalmente no imaginarías. En mis clases para enseñar a escribir discursos, uno de los temas es el uso original del lenguaje. Yo les pido a mis alumnos que piensen en diferentes metáforas para el amor. Para ayudarles a tener más ideas, primero les pido que describan algo muy alejado del amor. Normalmente, escojo una pizarra. Cuando llegamos al final del ejercicio y me han dado todas sus descripciones, ha salido material para metáforas muy sorprendentes. Estas son algunas de las cosas que suelo oír:

> La pizarra es fácil de borrar.
> Las hay de distintos colores.
> Puedes llenarla con lo que quieras.
> Es una plataforma para compartir ideas.
> La puede ver todo el mundo.
> Si escribes demasiado fuerte con la tiza, chirría.
> Al cabo de mucho tiempo, se desgasta.

Con estas metáforas, es fácil imaginar y crear conexiones muy distintas. *El amor es como una pizarra; lo que escribes allí es fácil de borrar y de olvidar, pero no siempre. A veces las marcas son tan hondas e intensas que nunca se van del todo, por muy fuerte que frotes para borrarlas.*

También es útil añadir a la lluvia de ideas otro aspecto del ejercicio. Yo les digo a mis alumnos que no vamos a limitarnos a hacer diez o veinte descripciones. Vamos a tomarnos todo el tiempo necesario para llenar literalmente la pizarra. Hechas las primeras cien sugerencias, los alumnos se quedan sin ideas. En estos últimos momentos, sus descripciones se alejan más de lo obvio. En lugar de hablar del aspecto o la rugosidad de la pizarra, empiezan a tener ideas extrañas que normalmente no son relevantes: destacan el olor del polvo de la tiza o dicen que, al analizar de cerca la pizarra, se ve cómo su textura cambia. En esos momentos, a los alumnos se les ocurren los pensamientos más originales.*

* Hay una anécdota, seguramente apócrifa, que lleva tiempo circulando entre los comunicadores de Washington D. C. Una antigua pági-

Eso pasa por varias razones. El efecto de la incubación sucede cuando la poderosa mente inconsciente se hace escuchar, normalmente con una propuesta repentina cuando el proceso está a punto de acabar. Aunque has estado barajando el problema de manera consciente, tu mente inconsciente lleva rato trabajando a destajo con un conjunto de datos más amplio y con posibilidades más diversas. El fenómeno viene a ser como levantarse con una buena idea después de que la mente inconsciente haya estado cavilando durante el sueño.* Además, cuando trabajamos mucho rato seguido, nuestra imaginación consciente se agota y se activa el poder de la fatiga cognitiva, con lo que disminuye nuestra capacidad para reprimir asociaciones peculiares. En este caso, ser incapaz de bloquear ideas «tontas» o «equivocadas» es justo lo que necesitamos. Al final, también entra en juego el poder de la dinámica grupal. La mezcla de interrelación y competencia en el seno de un grupo nos puede impulsar a tener pensamientos que, de lo contrario, no se nos ocurrirían. También nos da la confianza para verbalizar esas ideas extravagantes.

En la lluvia de ideas se activa la dopamina al menos en dos sentidos. Cuando se nos ocurre una nueva noción,

---

na web conocida por su uso del ciberanzuelo y por sus titulares llamativos utilizaba adrede la lluvia de ideas para inventar esos mismos titulares. El rumor era que los redactores se reunían en una sala y escribían por lo menos doscientos titulares para cada noticia. El que acababan publicando siempre era uno de los últimos diez o veinte en aparecer, porque era entonces cuando surgían las ideas realmente originales. *(N. del a.)*

* En el capítulo 16, me extiendo en la conexión entre los sueños y la creatividad. *(N. del a.)*

puede liberarse una pequeña cantidad de dopamina que a su vez cree un bucle de realimentación para generar más nociones. La lluvia de ideas también pone el acento en lo nuevo, y hallar esas cosas libera dopamina.

El razonamiento inverso. Piensa en lo contrario de lo que estás intentando conseguir. En lugar de preguntarte cómo resolver un problema, plantéate cómo una persona podría causarlo o incluso empeorarlo. Luego trata de «resolver» ese problema invertido. Con esta técnica, muchas veces detectarás carices del problema original que habían estado ocultos. Por ejemplo, si estás buscando una forma más cómoda para que los clientes devuelvan los productos que no desean, pregúntate qué harías para complicar aún más las devoluciones. Imagínate ese proceso desde el punto de vista del cliente, pero de una manera distinta. Analízalo, pero sin dejar de buscar posibles problemas que un cliente encontraría durante una devolución. Tienes que pensar incluso en pequeños escollos, porque, al fin y al cabo, estás intentando crear o ampliar la dificultad del proceso. De este modo, encontrarás nuevos puntos de vista y vertientes del problema original.

Una forma de dificultar las devoluciones podría ser obligar al cliente a empezar rellenando un formulario interminable. Otra idea sería limitar las horas y los días en que el comprador podría devolver el producto. Podrías pedirle requisitos ilógicos, como mantener el envoltorio original en perfectas condiciones. ¿Y por qué no añadir una tasa para que la devolución sea más costosa de lo que es? Naturalmente, la idea no es valorar si esas propuestas son adecuadas, sino dirimir si ponen de relieve dificultades concretas que tal vez no hayamos advertido; en este caso, la burocracia absurda, unos horarios imposibles para devolver los productos, unas reglas nada realistas para el estado del envoltorio y unas tasas desorbitadas para la devolución. Ya tenemos una primera lista de posibles mejoras. Este método tiene una ventaja respecto a la lluvia de ideas tradicional, pues saca provecho de nuestra pasión por las historias y los relatos. De esta forma, podemos hilvanar fácilmente ideas interconectadas.

Para desarrollar nuestro pensamiento convergente, que consiste en sintetizar ideas en búsqueda de una solución, prueba estas técnicas:

Haz una lista de pros y contras. Una de las dificultades del pensamiento convergente es comparar la viabilidad de las soluciones. Para cada propuesta, crea un diagrama simple con dos columnas: una para las ventajas y otra para las desventajas. Es fácil de hacer y es un primer paso estupendo para acabar tomando una decisión. Aparte de proporcionarte una base para ayudarte a decidir, también te permite contabilizar y priorizar beneficios e inconvenientes. Puedes mejorar aún más las listas catalogando cada elemento como objetivo —es decir, medible («es rojo»)— o subjetivo —es decir, su valor cambia según la opinión («es bonito»)—. Comparando las listas de diferentes soluciones, detectaremos enseguida lagunas en cada una de ellas y determinaremos cuáles nos aportan beneficios irrenunciables.

Haz una matriz de Eisenhower. Si necesitas el pensamiento convergente no tanto para estudiar la viabilidad de una solución, sino más bien para priorizar tus medidas —hacer más eficiente un proceso o plan—, plantéate este método organizativo tan contrastado.

Crea una tabla con cuatro categorías:

1. Urgente e importante (lo hacemos ya).
2. Importante pero no urgente (lo programamos).
3. Urgente pero no importante (lo delegamos o programamos).
4. Ni urgente ni importante (lo eliminamos).

Aquí la idea es que cada tarea tiene una urgencia y una importancia concretas. En este caso, solo hay cuatro combinaciones para describir una obligación, o sea, que podemos meter cualquier cosa en una de esas cuatro categorías. Algunas son obvias: una pierna rota es algo urgente e importante y tienes que hacer algo al respecto inmediatamente. Si tienes que hacer un informe para tu jefe, pero la entrega no es hasta la semana que viene, eso es importante pero no urgente, y deberías trazar un plan para poder terminarlo a tiempo. En la práctica, es una manera muy conveniente de organizar las tareas siguiendo varios pasos, de afrontar una larga lista de tareas pendientes o de trazar un plan diario para varias semanas o meses.

El problema de este método aparece cuando el estatus urgente/importante de una tarea no es tan cristalino. Pongamos por caso que tienes que hablar con tu pareja de vuestra escapada de fin de semana y hoy es miércoles. Es algo urgente e importante, pero no lo bastante urgente para que no podáis resolverlo el jueves. O tal vez seas infeliz en tu trabajo y quieras encontrar otro, o incluso cambiar de sector. Es algo profundamente importante y, en ciertos aspectos, urgente, pero el mundo no se va a acabar si demoras la decisión. Y lo sabes, porque llevas dos meses sin hacer nada al respecto.

La clave del éxito con la matriz de Eisenhower es la definición de las palabras *urgente* e *importante*. Podemos empezar con un experimento mental: vamos a definir *urgente* como 'dicho de algo que conlleva consecuencias físicas, económicas o emocionales graves a menos que se tomen medidas en pocas horas'. Con esa definición, las tareas de la primera categoría (las urgentes e importantes) serían solo para emergencias inmediatas. Salvo que seas conductor de ambulancia, esa definición podría ser muy restrictiva, porque la mayoría de tus obligaciones entrarían en la segunda categoría: serían importantes y, debido a eso, urgentes en un sentido diferente del término, así que se tendrían que realizar en unos pocos días o semanas. Tal vez podamos modificar la definición de *urgente* para que diga 'dicho de lo que requiere atención en un plazo de cinco días'. Sea como sea, el plazo tiene que ser el que más te convenga. La idea es que, al vincular la necesidad de actuar con una fecha concreta, conseguimos una norma para priorizar nuestras obligaciones y luego cumplirlas.

En cuanto a las categorías tercera y cuarta, son un poco más fáciles de usar y sus definiciones son lo bastante explicativas. Si una tarea es urgente pero no importante, la podemos delegar si tenemos la opción de recurrir a alguien o podemos programarla para dentro de poco, conforme a nuestra versión de *urgente* con los cinco días de plazo. Así resolvemos el tercer cuadrante. Y respecto al cuarto, las cosas que no son urgentes ni importantes se pueden eliminar. Eso te dará mucha paz.

Hace unos años, di un seminario para escritores y, al terminar, una de mis alumnas vino a verme. Me felicitó por el material y me quiso obsequiar con un consejo que ella aplicaba en su pequeño negocio.

—¿Cuántas páginas tiene tu lista de tareas pendientes? —me preguntó.

—Trece —le dije.

—¿Y cuánto tiempo hace que tienes esa lista?

—Unos dos años —le contesté.

Ella me sugirió desgranarla con la matriz de Eisenhower y dijo que seguramente la mitad de las cosas acabarían en la cuarta categoría. Estaba en lo cierto, así que eliminé esas tareas. Ahora ya no recuerdo cuáles eran, y me va mejor habiéndolas descartado. Mi alumna también me contagió la práctica de programar las obligaciones en un calendario. Ahora ya no solo hago las cosas a tiempo, sino que me aseguro la dosis de dopamina por lograr un objetivo detrás de otro, todos los días.

Si desarrollamos el pensamiento convergente y divergente con métodos bien definidos, podemos poner la originalidad al servicio de la productividad sin necesitar siquiera una inspiración especial para hacerlo.

El arte de los números y los números en el arte

El mundo está repleto de gente productiva y de éxito con un gran talento matemático y artístico. Miguel Ángel era escultor, pintor, poeta y científico. Hijo de un pintor, el ingeniero decimonónico James Nasmyth construyó máquinas herramienta pesadas, pero también dibujó detallados y asombrosos paisajes lunares. Steve Jobs fue cocreador del ordenador personal, una máquina pionera y útil para las empresas, pero también dotada de una estética agradable y fascinante. La ex secretaria de Estado norteamericana Condoleezza Rice no es solo diplomática, sino también una gran pianista. El humorista Rowan Atkinson, creador del personaje de Mr. Bean, es licenciado en ingeniería eléctrica. El actor y cómico Ken Jeong es médico. Nagarjuna, cuyo nombre completo es Akkineni Nagarjuna Rao, es un prolífico actor y productor indio que tiene un máster en ingeniería automotriz.

Algunas personas que son negadas para los números presumen de ello. «Yo soy artista —dicen—. Las matemáticas no son para nada lo mío, y tampoco me interesan.» Algunas personas de ciencias menosprecian el arte con orgullo. «He tenido que esforzarme mucho para aprender a hacer esto —dicen—, pero ¿pintar, cantar o actuar? Eso lo hace cualquiera.» Ambos tipos de personas se cierran puertas. Desde un punto de vista neurocientífico, que su producción se mida de forma objetiva o subjetiva es secundario. En esencia, tanto las matemáticas como el arte exigen las mismas destrezas dopaminérgicas: la abstracción, la recopilación divergente de datos y el razonamiento convergente y la concepción mental de lo que todavía no existe.

Cada vez es más importante ser versado en arte y en matemáticas. Dominar ambas ramas no solo genera más oportunidades, sino que muchos trabajos modernos lo requieren. En 2022, la Universidad Carnegie Mellon lo puso de relieve ofreciendo un nuevo grado en estudios de ingeniería y arte. Al presentar el programa, la universidad citó como ejemplo al profesor Thomas Sullivan, que da clases tanto en la Escuela de Ingeniería como en la de Música. Entre sus contribuciones, encontramos un procesamiento sónico para guitarras que recoge las notas de las cuerdas una por una (el «procesamiento hexafónico»), así como el uso de la tecnología para incorporar el sonido y la luz a las instalaciones de arte.[1]

Si tienes una vena artística y crees que los números no son lo tuyo, dales otra oportunidad. Empieza con los principios básicos de la aritmética. Busca un ejemplar de la colección Para Dummies, como puede ser *Matemáticas cotidianas*. Si ya tienes una buena base en aritmética, comprobarás que los libros de introducción al álgebra, el cálculo o la estadística son mucho más fáciles de entender de lo que crees; normalmente, si quieres aprender esas cosas por motivos prácticos en vez de académicos, todo resulta más fácil. También puedes usar aplicaciones que «gamifican» el aprendizaje, como Duolingo —últimamente ampliada para permitir al usuario practicar con las matemáticas—. Ya verás que este método paso a paso explota tu sistema dopaminérgico de recompensa para mantener vivo tu interés. También te sucederá algo familiar: los circuitos que has utilizado en un campo se van a activar para ayudarte a dominar otro.

Si eres una persona racional y matemática que no entiende la atracción del arte, empieza por lo que se te da mejor: la lógica. Trata el «misterio» como cualquier otro problema. Elabora una lista de sus cualidades (pensamiento divergente) y, una vez hecho eso, encuentra formas de darle un sentido intelectual (pensamiento convergente). Pongamos que quieres estudiar un cuadro. No hagas preguntas introspectivas sobre su belleza, sobre qué quería transmitir el autor, etcétera. Haz preguntas con las que puedas aprovechar tu talento para el análisis objetivo. Por ejemplo, lo grande que es el lienzo. Plantéate cómo afecta esa circunstancia al nivel de detalle que se puede incluir en el espacio teniendo en cuenta el tamaño del tema. ¿Hasta qué punto explotó el artista las posibilidades del soporte? ¿Qué elementos hay en la imagen? ¿Tu mirada se dirige hacia algún punto y, en caso de que así sea, dónde está colocado? ¿Qué paleta se ha utilizado? ¿Se parece a la paleta de colores del mundo real? ¿Qué efecto tiene la luz? ¿Cuál es la textura del cuadro y cómo afecta a lo que ves?

Hay muchas razones para aprender a apreciar el arte, pero una de las mejores es que te enseña a apreciar todo lo demás. Gracias al arte, puedes analizar lo que ya sabes bajo otra luz y adaptar tu interpretación de lo conocido. En cuanto a las matemáticas, una de las mayores ventajas de los números y la lógica es que te permiten ordenar el caos aparente. Esto, a su vez, revela «una estructuración subyacente» que potencia tus habilidades adquiridas. Sea cual sea tu perfil, desarrollar tu otra faceta aumenta tu productividad en todo y te acerca a una vida más rica y gratificante.

Lo que ganamos y perdemos haciendo varias cosas a la vez

Solo somos capaces de hacer una cosa a la vez. Este límite es infranqueable, así que la multitarea no existe. La multitarea consiste en dejar de hacer una actividad para hacer otra. Cuando lo analizas así, entiendes por qué este método no sirve para hacer las cosas más deprisa. En verdad, te vuelve más lento, porque cuantas más transiciones haces, más tiempo malgastas. Hasta el 40 por ciento del tiempo que dedicamos a hacer varias cosas a la vez no se invierte en algo útil, sino en cambiar de labor y cambiar el chip.[2] La configuración y reconfiguración constante de nuestro cerebro induce a error, ralentiza la ejecución, perjudica el aprendizaje y nos hace más susceptibles a las distracciones.

Pero aquí no acaba todo. Aunque haciendo varias cosas a la vez no vamos a ser más productivos, sí podemos ser más originales.

La fijación funcional es un sesgo en favor de lo conocido. Sucede cuando nuestra cognición solo valora métodos y conceptos conocidos, cuando la dopamina del control rige con mano de hierro y usa las herramientas lineales del pensamiento racional para resolver un problema, obligándonos a valorar solo lo que existe, y no lo que podría existir. El investigador en inteligencia artificial Tony McCaffrey plantea un ejemplo trágico.[3] Los tripulantes y pasajeros del Titanic no barajaron la posibilidad de que el iceberg pudiera ser su salvavidas. Los periódicos de la época calcularon que el tamaño del iceberg era de entre quince y treinta metros de alto y de unos sesenta a ciento veinte metros de largo. Durante un rato, el Titanic fue capaz de navegar. McCaffrey postula que el barco podría haberse parado al lado del témpano de hielo y mucha gente podría haberse subido y haber esperado en alguna zona llana hasta que llegara la ayuda cuatro horas más tarde. Pero los pasajeros estaban ofuscados con la idea de que los barcos se hundían por culpa de los icebergs. Así que ignoraron la posibilidad de usar uno como «embarcación» temporal. No se fijaron en su tamaño ni forma, ni en el hecho de que no fuera a hundirse.*

Ahora que sabemos lo que es la fijación funcional, volvamos a la multitarea. Pasar de una actividad a otra reduce el tiempo dedicado al trabajo útil. Pero hacer varias cosas a la vez tiene un beneficio: cuando nos sacan de nuestra zona de confort mental, nos abrimos a nuevas fórmulas. En un estudio, los investigadores ordenaron a un grupo de voluntarios que fueran alternando entre tareas según sus directrices. El otro grupo, en cambio, podía ir cambiando de actividad por voluntad propia. Más o menos la mitad del grupo dirigido conseguía resolver problemas que requerían creatividad; en el grupo de los que cambiaban a discreción, solo el 12 por ciento lo lograba.[4] Al parecer, interrumpir el pensamiento típico —no solo hacer varias cosas a la vez según nuestro criterio, sino hacerlas siguiendo instrucciones externas— potencia nuestra originalidad a la hora de resolver problemas. Si continuamos pensando igual hasta que nos cansamos, y cambiamos de tarea solo cuando llegamos a un callejón sin salida, no logramos ni de lejos un efecto tan grande.

Si estás abordando un problema, intenta arrancarte por la fuerza de tu fijación funcional. Ponte una alarma y oblígate a cambiar de tarea cada pocos minutos; o mejor aún, elige intervalos aleatorios o déjalo en manos de otra persona. Tal vez compenses en originalidad lo que pierdes en eficiencia.

* Para que no me acusen de dejarme cosas en el tintero y de ser un sabelotodo, admito que no todo el mundo coincide en que esta solución habría podido funcionar. *(N. del a.)*

11

EL CONTROL DE LAS REDES SOCIALES

Solo tengo que seguir un poco más

No hay una demostración ni una síntesis más pura del poder adictivo de la rueda dopaminérgica que las redes sociales.

Sin apartar la mirada de tu propia pantalla, deslizas el dedo por una ristra infinita de fotos deliberadamente recortadas y de lemas diseñados para generar la máxima atracción. Mejor aún: el contenido que lees (o, siendo sinceros, vislumbras) está siendo seleccionado por un algoritmo afinado y reajustado en tiempo real para ofrecerte aquello en lo que te acabas de detener. Pero ¡es que todavía hay más! En cualquier momento puedes darte el placer de expresar tu propia opinión, que puedes compartir con absolutamente todo el mundo. Ni siquiera tienes que reaccionar con palabras. ¡Te basta con darle a me gusta o con publicar un emoji! Apenas necesitas una opinión. Solo debes pararte lo suficiente para hacerte una idea aproximada de lo que ves. Luego ya puedes mover la falange distal del dedo índice y pulsar. *Voilà!*

Lo que te mantiene en vilo, deslizando y leyendo, es la promesa infalible —siempre actualizada y prometedora— de que la siguiente revelación desechable, el mensaje que todavía no has visto ni puedes imaginar, el que te aparecerá en un instante si sigues deslizando..., hay una posibilidad muy tentadora de que el siguiente vídeo, todavía por descubrir, sea aún más interesante que el que acabas de ver, y que despierte más sentimientos agradables. A decir verdad, ¡la publicación que se esconde debajo de la pantalla podría ser una auténtica pasada! Podría ser incluso lo que llevas tiempo esperando... ¡y ahora está aquí, ay, Dios mío, no me lo puedo creer!

Claro que no será lo que esperas. Nunca es lo que esperas. La idea no es darte algo seguro, sino captar tu interés hasta tal punto que empieces a consumir publicaciones compulsivamente. De repente, son las tres de la madrugada y estás despejado, así que te paras a reflexionar sobre los frutos del tiempo invertido; en particular, sobre las dos horas que acabas de pasar en Instagram sin haber sacado nada de provecho. Entonces, se te ocurre que estás perdiendo el tiempo con esta actividad absurda todos los días y que si sumaras todas esas horas..., en fin, el resultado final sería demasiado deprimente. Así que sueltas el móvil e intentas dormir, pero no puedes pegar ojo, por lo que, lógicamente, vuelves a cogerlo y entras en Twitter para ver cuál es la última polémica que algún pirado ha desatado para alimentar a los adictos del salseo.

Las redes sociales son el último invento para pervertir el proceso dopaminérgico. Es una mezcla explosiva y monstruosa que combina la sensación de inyectarse heroína con la de avanzar por una cinta de correr. La dopamina se subvierte para mostrarte publicidad en tu visión periférica. Vamos a repetirlo: la función de la dopamina es garantizar que te atrae tanto la posibilidad de que haya algo mejor detrás del horizonte —o en el próximo vídeo de TikTok— que vayas a por ello, a fin de cobrar a las marcas por cada visualización y cada clic. Es el primer y único principio de la publicidad en las redes sociales: si te dan algo gratis, significa que tú no eres el cliente, sino el producto.

La mayoría intuimos de alguna forma que las redes sociales pueden ser perjudiciales, pero hasta hace poco no empezamos a desentrañar los motivos concretos. En una encuesta de 2020 realizada por la Queen's University, en Canadá,[1] los investigadores midieron tres ítems sobre el uso de las redes sociales: el tiempo invertido en ellas, la intensidad del uso y el consumo «problemático» (por ejemplo, el consumo compulsivo, en el que resulta imposible dejarlo y el rendimiento laboral o escolar se resiente). Los científicos encontraron una correlación entre el consumo problemático y la depresión, semejante a la que había entre la depresión y la adicción a las drogas en algunas personas. Si consideramos el papel clave que la dopamina desempeña en la depresión por culpa de su influencia sobre el placer y la recompensa, cabe suponer que en los estímulos de las redes sociales este neurotransmisor funcionará de manera parecida a como lo hace en la adicción a las drogas.

El senador de Pensilvania John Fetterman ha manifestado en muchas entrevistas que las redes sociales agravaron su depresión. En diciembre de 2023, Fetterman fue al programa *Meet the Press* de la NBC y dijo que las redes habían «acelerado claramente» su dolencia. Varios meses antes, el senador había estado ingresado por depresión. Llevaba años participando en los típicos debates sanos de las redes sociales, aunque también había sido autor y víctima de «troleos» mayúsculos. En la NBC, dijo que estaba muy preocupado por la negatividad personal, que según él le hacía plantearse si el acoso lo atormentaría durante el resto de su vida. «Mira lo que ha hecho conmigo [...] y con mi familia», comentó. Todos nos hemos sentido objeto de acoso en las redes sociales, o nos hemos excedido alguna vez. El arrepentimiento no se disipa, y las consecuencias pueden extenderse mucho más allá de la plataforma.

En este capítulo, voy a darte algunos trucos para acallar la llamada dopaminérgica de las redes sociales. Así, sabrás decir que no a los nefastos cantos de sirena de Instagram, Facebook o Twitter, con sus secciones de comentarios y demás. La solución pasa por tomar algunas decisiones inteligentes para tener más margen para pensar desde que se libera la dopamina del deseo hasta que la dopamina del control responde. Ese margen permite reflexionar, y ese momento tan importante puede ser enteramente tuyo si procuras que lo sea. Deja de trabajar gratis para los *influencers* y las marcas que se forran con tus datos personales, tus horas despilfarradas y tu desesperación.

Rechaza la invitación

Empieza por hacer algo que no exige fuerza de voluntad: de todas las cosas inservibles que te hacen perder el tiempo, elimina con tecnología las más atractivas y las que más te atraen a las plataformas.

La opción más drástica es la más eficaz. Cambia tu iPhone o Android por un móvil sin acceso a internet. Todavía los venden. Algunos son móviles plegables de estilo retro, pero lo más habitual es que sean «móviles infantiles» o dispositivos para los adultos que no quieren o no necesitan aplicaciones ni navegador.

Sin embargo, la mayoría necesitamos estar conectados al mundo con un móvil inteligente, así que tenemos que tocar los ajustes. Por defecto, aplicaciones como Facebook e Instagram envían una alerta cada vez que hay una nueva publicación. Es una señal explícita para tu sistema dopaminérgico: vas a sentir el instinto de investigar y nunca vas a aprender a ignorar la señal sistemáticamente. Para esos momentos en los que has estado sin móvil (casi nunca estás más que un ratito) y para cuando no has oído el pitido, el icono de la aplicación incluye un circulito con el número de mensajes sin leer. Desactiva todas estas funciones. Con un móvil iPhone o Android, ve a los ajustes y luego a notificaciones. Busca todas las aplicaciones de redes sociales y desactiva los avisos, y también los globos de notificación. Más abajo también encontrarás la opción para previsualizar los elementos. Desactívala para eliminar las notificaciones mostradas con la pantalla bloqueada. Una vez hecho eso, si te conectas a las redes sociales será porque habrás decidido hacerlo, no porque la plataforma haya hecho sonar la campana para que fueras corriendo.

Desconéctate

El humorista John Mulaney tiene una anécdota divertida sobre un tema muy poco alegre: su intento de superar la adicción a la cocaína. Mulaney eliminó por completo su capacidad de comprar la droga renunciando a la posibilidad de sacar dinero en efectivo. Llamó a su gestor para darle instrucciones. A menos que le pidiera dinero por correo electrónico con copia a su médico, el gestor tenía que ignorar el mensaje. Mulaney se arrepintió inmediatamente de haberlo hecho, pero funcionó. Él era consciente de que podía llamar a su gestor y anular la orden, pero le daba vergüenza.

A la hora de usar las redes sociales, puedes hacer algo parecido con el móvil y el navegador. Ahora los dispositivos vienen equipados con aplicaciones como Tiempo de Pantalla, que sirve, entre otras cosas, para restringir las horas del día y el tiempo total que puedes dedicar a las redes sociales. Claro que hay la opción de anular los límites volviendo al panel de ajustes y desactivándolos, pero hay un truco para evitar eso. Pídele a alguien de confianza que cambie tu contraseña principal del móvil y haz como Mulaney: dile a esa persona que no te deje cambiar la configuración de las redes sociales. También hay aplicaciones de terceros que te permiten desconectarte de otra aplicación siguiendo un horario concreto, y luego te impiden cambiar ese horario durante un tiempo, o incluso para siempre. Dependiendo de la aplicación, la única forma de vencer al sistema es cambiando de navegador (lo cual es fácil), pidiéndole a otra persona que anule tu petición (lo cual es un embrollo y quizás te dé vergüenza), reinstalando la aplicación o todo tu sistema operativo (lo cual es arriesgado y lento), o borrando la cuenta en la red social y creando otra nueva (lo cual para muchos es impensable).

Reduce el factor «solo para ti»

Luego, rebaja la atracción dopaminérgica del contenido que consumes en las redes sociales.

Tú eres quien más influencia tiene en tus redes sociales porque puedes elegir los amigos, los famosos, los *influencers*, los productos y las empresas que seguir. Pero las plataformas también pulen lo que te muestran en función del contenido en el que te detienes y el rato que te quedas mirando. El sistema que incorpora este bucle de realimentación es el algoritmo. Normalmente se habla del algoritmo con gran deferencia, pero no es más que una base de datos compleja que, en la práctica, relaciona las etiquetas de lo que te gusta con las etiquetas de posible contenido nuevo. El único misterio del programa es que los usuarios no saben cómo valora sus preferencias, pero*, incluso si lo supiéramos, el problema

* Sin embargo, para cuando leas esto, los algoritmos también utilizarán inteligencia artificial para prever las cosas que seguramente querrás ver. *(N. del a.)*

seguiría existiendo. Lo que tenemos que hacer para combatir esto es desactivar todo lo posible el bucle de realimentación al algoritmo.

Debajo de los ajustes, normalmente en la categoría de privacidad o seguridad, desactiva la localización. También encontrarás una lista de aplicaciones que se tienen que reiniciar para «denegar el permiso», o quizás tengas que abrir cada nueva aplicación y comprobar los ajustes que hay.* Una buena idea es buscar instrucciones para hacerlo en internet. La configuración por defecto cambia demasiado a menudo y de forma muy sutil como para poder documentar todas las modificaciones en este libro, así que merece la pena investigar en cada red social para restringir los datos que comparte. Cuantos menos permisos des al sistema para recabar datos sobre ti y sobre tus hábitos, menos capaz será la plataforma de adaptar el contenido a tus gustos, y eso te facilitará un poco más las cosas a la hora de dejar de consumirlo.

Lucha un poco contra los contaminantes

Todos sabemos que pasamos demasiado tiempo en las redes sociales. Pero ¿por qué lo hacemos? No solo queremos información, entretenimiento y conexión..., pode-

* En un iPhone, puedes ir más lejos y seleccionar la opción de publicidad de Apple, en el apartado de privacidad o seguridad, y desactivar los anuncios personalizados. Por ahora parece que solo afecta a los anuncios de Apple en las aplicaciones propias, pero en cualquier momento podría cambiar. *(N. del a.)*

mos encontrar esas cosas en otra parte. El culpable real es la dopamina. Las redes sociales están pensadas para atraparnos con un aluvión constante de sorpresas y novedades. Cada me gusta, comentario o nueva publicación es una posible «victoria», así que las redes sociales son como una máquina tragaperras que nos mantiene en vilo.

Piénsalo: tú deslizas hacia abajo esperando encontrarte las típicas actualizaciones de amigos y familiares, pero, de repente, ¡paf! Te topas con un meme tronchante, una noticia impactante o un jugoso salseo. Esa inesperada recompensa libera dopamina en tu cerebro y te hace desear más de lo mismo.

Huelga decir que la diversión no tiene nada inherentemente malo. Las redes sociales son una manera divertida de conectar con otros y relajarse. Pero cuando empiezan a dominar nuestras vidas y a distraernos de cosas más importantes, es la hora de tomar el control.

Una forma de liberarnos es identificar y eliminar las fuentes de estimulación vacía. Deja de seguir cuentas que solo propagan frustración, negatividad o titulares engañosos. Busca patrones de contenido que te hacen sentir vacío o frustrado y decide a qué quieres prestar atención.

Por ejemplo, empieza a asumir que los titulares que solo buscan clics son una mentira. Cuando veas uno, asimílalo. Incluso puedes decirlo en voz alta: *Es una mentira. Es un engaño. No es una noticia.* Igual que nos condicionamos para no responder siempre que oímos a alguien gritar «¡hey!» en el espacio público, podemos cambiar nuestra respuesta al ciberanzuelo, primero tomando la decisión consciente de no responder y finalmente acostumbrándonos a no hacerlo. ¿Acaso no es cierto? No hay nada en Instagram que necesites saber inmediatamente o que no puedas sacar de otro sitio, ninguna amenaza ni oportunidad significativa que dependa de un clic, ni nada lo bastante inminente para que solo puedas acceder a ello a través de las redes sociales.

Borrando a los grandes contaminantes de contenido, cambias el clima de la red social y mejoras tu vida. ¿Cómo sabes cuáles son esos contaminantes? He aquí algunas fórmulas que son indicios incontestables.

- «Lo que casi nadie sabe y podría cambiarte la vida hoy...»
- «Lo que no sabías sobre...»
- «Te quedarás a cuadros cuando sepas...»
- «Mira este...»
- «Los comentarios de PERSONA FAMOSA sobre...»
- «No te vas a creer lo que está a punto de pasar con tus planes de pensiones/inversiones/ahorros/trabajo...»
- «5 (7 o 10) cosas que puedes hacer ahora mismo para...»
- «PERSONA FAMOSA da el secreto para...»
- «Descubre por qué estás teniendo LA EXPERIENCIA MALA X...»

Y otra cosa: deja de seguir todas las páginas de noticias y de opinión. Lo digo en serio.

Tu primer instinto será deshacerte solo de las páginas que «polarizan», pero con eso no será suficiente. Aunque el objetivo del medio sea realmente informarte, ese interés siempre estará en pugna con su necesidad de llamar tu atención; es decir, de generar clics en las redes sociales y de generar ingresos de publicidad. Es inevitable que lo hagan con titulares provocadores escritos para avivar tu interés en (a) ver a un rival ridiculizado, o (b) validar tu propia opinión. Deshazte de todo eso. Lee las noticias en otras plataformas que no sean las redes sociales. ¿Por qué no vas directamente a la página web de ese medio de comunicación? Es cierto que encontrarás muchos de esos llamativos titulares, pero tendrás una ventaja: al menos, no has terminado allí seducido por un titular que ha estimulado dopamina y que ha aparecido «de la nada» entre tus publicaciones.

Mientras luches contra la atracción de las redes sociales, quizás te parezca razonable hacer la excepción de usarlas para estar al día de las noticias. A pesar del gancho de esos titulares, a cambio te estás llevando algo de valor, ¿no? Lo que pasa es que el precio que pagas es mucho más alto de lo que crees.

El gozo de odiar

Las noticias deprimentes sobre política no son las únicas que me dan ganas de destrozar a puñetazos la pantalla, o, al menos, tu pantalla... Con la alcantarilla descubierta que son las redes sociales, también me entran ganas. Yo no estoy «en Twitter», en el sentido de que no publico nada. Pero busco sin parar, igual que un león se asomaría a un abrevadero de la sabana para acechar a su siguiente presa. Eso sí, en lugar de preguntarme si prefiero devorar un impala o un ñu, yo me pregunto si tendría que comerme

> *un combate de boxeo entre un migrante y un nativo europeo, una batalla campal en la cola para pagar de un supermercado, o una pelea de dos chicas en el pasillo del colegio... Cuando llevo treinta segundos viendo el vídeo, pierdo toda la fe en la humanidad. Así que imaginaos lo triste que me siento al cabo de media hora, cuando sigo enganchado... Parece que vivimos rodeados de tarugos. Y eso queda todavía más claro si hay algún espejo cerca, porque los tarugos solemos ser nosotros, que ansiamos más y más violencia y exhibicionismo nihilista a pesar de que nos está insensibilizando a todos.*
>
> MATT LABASH, «Be This Guy, Instead of the Angry Jerk You're Becoming»[2]

A veces olvidamos que la interacción en las redes sociales es algo muy nuevo. La primera red social de éxito, Facebook, no estuvo a disposición de la gente hasta 2006. En el poco tiempo que ha pasado desde entonces, la metamorfosis ha sido total, y un cambio que parecería interesante, aunque menor, ha resultado ser la primera pieza de dominó de una larga hecatombe. Hasta la llegada de las redes sociales era casi imposible tener una relación significativa a menos que conocieras a alguien en persona. Ahora tenemos amigos, clientes, jefes y rivales con los que nunca hemos compartido una habitación.

Esto tiene consecuencias.

Si ya eras adulto y trabajabas en los años noventa, o antes, sabías que había reuniones demasiado importantes para celebrarlas por teléfono. Cruzabas el país o el mundo entero en avión para poder sentarte en la misma mesa que la otra persona. No había nada que no pudieras verbalizar por teléfono, como voz incorpórea, pero en ciertas ocasiones invertías una cantidad considerable de tiempo, esfuerzo y dinero para poder hablar de tú a tú. ¿Por qué? Pues porque al desplazarnos para vernos en persona, no solo podemos usar la gran fuerza del lenguaje no verbal para presentar nuestros argumentos, sino que también le decimos a la otra persona que la consideramos digna de nuestra atención. Por eso hemos hecho el esfuerzo de ir hasta ahí.

Las parejas sentimentales se veían en persona al menos cada cierto tiempo. De lo contrario, no había relación. En Estados Unidos, se solía tomar el pelo a quienes decían que su novia vivía en Canadá, afirmando que no tenían novia realmente. (En la comedia musical *Avenue Q*, esa idea da lugar a toda una subtrama, coronada por la canción «My Girlfriend, Who Lives in Canada».) Para mantener una amistad platónica, había que tomar la iniciativa y escribir una carta, llamarse por teléfono o quedar en algún sitio, de ahí que las amistades a distancia tendieran a marchitarse. En esa época, los amigos duraban menos. La amistad se solía limitar a una temporada de tu vida. Con el paso del tiempo, dejabas de esforzarte por preservar el vínculo. No es que esa persona dejara de caerte bien. Lo cierto es que el beneficio que aportaba esa amistad ya no compensaba el empeño necesario para seguir en contacto.

Pero el cambio más drástico se ha producido en la forma en que lidiamos con los desconocidos. Durante gran parte de nuestra historia, toleramos muchísimo la privacidad ajena. En la generación del *baby boom*, la inmensa mayoría puede nombrarte a gente a quien conoce desde la infancia, pero cuyas simpatías políticas le siguen resultando un misterio. ¿No sabes llegar al supermercado? Pregúntamelo. ¿Quieres saber a quién voto? Frena un poco. Hoy, en cambio, gracias a las redes sociales ya no tenemos que preguntar ese tipo de cosas porque solemos difundir la respuesta a los cuatro vientos. Y, cuando no lo estamos haciendo, estamos indagando; a distancia, lo cual es clave. Hacemos preguntas íntimas a desconocidos y los criticamos cuando su respuesta nos desagrada. Ahora, si alguien expresa una opinión que se sale de lo común, es espantosamente habitual que los internautas reúnan una multitud y lo castiguen con una reprimenda pública o un boicot económico. ¿Cómo hemos llegado hasta aquí?

Para conocer a alguien, primero debéis tener algo en común. Normalmente, las oportunidades para conocerse en el mundo físico surgen de una conexión positiva, o denotan que esa conexión es posible; por ejemplo, si se trabaja en la misma oficina o se empieza a charlar en un bar o un concierto. Pero en las redes sociales, lo habitual es que esas oportunidades aparezcan en situaciones que fomentan la discrepancia. Pongamos como ejemplo Facebook, donde puedes encontrarte páginas de admiradores o detractores de cualquier partido político, candidato, ideología o problemática social. Si vas ahí a buscar un amigo, lo encontrarás. Pero hay gente con ganas de pelea, lo cual es mucho más estimulante. Además, hacerlo por internet entraña menos riesgo que hacerlo en el mundo real. A distancia, perdemos el aliciente que teníamos para socializar de forma honesta, precavida y generosa. La cultura de la interacción humana en el mundo físico está protegida por unos cortafuegos que el mundo virtual no posee. Si eres desagradable en persona, te puedes llevar un tortazo. Si eres desagradable y estás protegido por el anonimato y la distancia, no hay ninguna consecuencia (al menos inmediata).

El conflicto virtual, un término eufemístico para el fenómeno, resulta atractivo. El consenso es equilibrio, pero el conflicto abre la puerta a la liberación sucesiva de dopamina. Sin los factores disuasorios de la violencia física y emocional inherentes al contacto real, somos libres de ser antipáticos y echar espumarajos por la boca (y para hacerlo cada vez más). A menos que alguien sea perseguido, no hay repercusión física porque no puede haberla. Por lo tanto, ya no tenemos ningún incentivo para responder con paciencia a los ataques. Cuando estás escondido detrás de un perfil en una red social o en la sección de comentarios de una página web, los únicos límites a lo que puedes decir son los que te impone la plataforma o tu conciencia.

De este modo, las redes sociales suelen reclutar la capacidad de imaginación dopaminérgica para permitirnos gozar más del odio.

En las redes, las personas son abstracciones. Y la dopamina es lo que permite experimentar con lo abstracto. Si las personas no son entes físicos, puedes traspasar todos los límites que quieras. Los humanos sensibles resultan indistinguibles de las ideas exánimes. Un oponente virtual se nos empieza a antojar no como una persona —ni siquiera como un avatar que represente a una persona—, sino como un objetivo que reacciona y punto. El problema es que no estamos librando batallas con intelectos de usar y tirar. Estamos dando un rapapolvo a otras personas, que seguramente serán tan poco propensas a agachar la cabeza como nosotros. Así empieza una carrera hacia los avernos del debate y la dignidad.

La naturaleza del sistema dopaminérgico encaja a la perfección con la naturaleza de las plataformas. El resultado es una búsqueda compulsiva no de la verdad, sino de la avidez. La gente que persigue el éxtasis de la invectiva ya no tiene que respetar los cortafuegos del mundo físico que, en persona, actuarían como freno. ¿Por qué actualmente las formas brillan por su ausencia? Cuando la gente no importa, las formas tampoco: ni el civismo, ni las normas, ni las tradiciones ni las reglas. Así que atacamos todo lo que nos toca las narices, a veces (y presuntamente) en nombre de la justicia. En general, lo hacemos para liberar dopamina sacando de sus casillas a gente con quien no estamos de acuerdo.

Pero algunos internautas son honestos, ¿no?, diréis. ¡Pues claro! Pero somos muchos menos. Por cada persona que piensa antes de escribir por internet hay decenas de miles que se dedican a arrojar granadas solo para disfrutar al ver cómo estallan. ¿Cuándo fue la última vez que viste a una persona retractarse en las redes sociales? Los peores instintos que internet saca de nosotros nos vuelven insensibles a la dignidad humana, al valor de un orden social que tanto costó conseguir, así como a los métodos razonables para mejorar la vida ajena. La distancia de internet nos ha hecho ciudadanos más mediocres y fríos. Exigimos más de los demás, pero esperamos menos de nosotros mismos.

Las interacciones virtuales con terceros añaden una novedad perpetua a la mezcla: cualquier cosa podría pasar, porque la gente es capaz de todo. Hay que preguntarse qué beneficio conlleva lo que se está haciendo. Estamos discutiendo con desconocidos y chinchando a los amigos para saber qué opinan, algo que tampoco ayuda en nada si resulta que discrepan de nosotros. Más de la mitad de las veces, las respuestas nos dividen, a pesar de que la divergencia no importó a ninguna de las partes hasta que ambas supieron de su existencia. Cuando sientas la tentación de publicar o contestar a un comentario de internet, pregúntate si este toma y daca es una mesa de diálogo o una búsqueda dopaminérgica de conflicto. ¿Cuántas veces has visto a alguien cambiando de parecer después de un debate virtual? ¿O al menos reconociendo que ahora estaba mejor informado? Es más factible que una de las personas, si no ambas, hayan perdido de vista cualquier fin noble al principio del intercambio. No es que seamos malas personas. Es que somos humanos.

Para cualquier persona interesada en el derecho, la política o el debate, las redes sociales y las secciones de comentarios pueden ser irresistibles. Pero piensa antes de publicar. Si tu intención es cambiar de opinión a la gente, que sepas que hay pocos internautas que naveguen con la mente abierta. La carencia de una conexión como la del mundo físico hace mucho menos probable la persuasión, o incluso el aprendizaje. El afán sincero por aprender enseguida entra en pugna con el deseo de subyugar al otro o, para ser más concretos, de usar cualquier herramienta útil para obligarlo a rendirse, incluyendo las falacias y los improperios. La atracción al subidón dopaminérgico es muy intensa. La mayoría de los debates virtuales no son ni siquiera debates. Son búsquedas extasiadas por liberar dopamina. Vertemos nuestra opinión o nuestro insulto y esperamos a ver qué sucede... Algunas veces obtenemos una estimulante validación; otras veces topamos con argumentos en contra o insultos, aunque eso también libera una buena dosis de dopamina. En internet, los ánimos se crispan rápidamente porque los límites naturales del contacto humano no forman parte del entorno, y nadie tiene muchos motivos para hacer nada que no sea crispar, crispar y crispar. Como dijo Vonnegut, «así es la vida».

En la red es imposible tener una charla informal sin riesgo, y no existe ningún vicio que no te perjudique a ti y a los demás. En este rincón de las redes sociales, la única forma de ganar es no jugar.

12

LA OBSESIÓN CON LAS NOTICIAS

Aprendamos del lema «un año sin noticias»

La dopamina nos arrastra sin descanso hacia lo nuevo y desconocido. Lo puedes descubrir todo sobre tu esposo o esposa, convertirte en un experto en tu profesión, leer todos los libros de tu autor favorito y aprenderte todas las canciones de tu banda favorita, pero al final te quedarás sin cosas nuevas por saber. Hay una cosa que promete obsequiarte todos los días con algo inesperado: las noticias. Sobre todo, por ese motivo, a las personas altamente dopaminérgicas las atrae la política. La política no solo estimula constantemente la liberación de dopamina planteando problemas, sino que brinda una retahíla inacabable de factores y rostros nuevos que encajar con esas soluciones, nuevos datos y combinaciones para que la dopamina del control esté ocupada rumiando. Que esas noticias de última hora estén disponibles en todo momento simplemente deslizando el dedo por la pantalla del iPhone las vuelve todavía más irresistibles para los circuitos del deseo y del control.

Puede que hayáis visto una escena de *Parks and Recreation* en la que el intenso Ron Swanson, interpretado por Nick Offerman, pide en un restaurante. Es la interacción con el camarero más memorable de la historia de las telecomedias. Ron es un apasionado del filete y acaba de enterarse de que su asador favorito ha cerrado. Desolado, termina en un restaurante de carretera, donde le sirven una fina loncha de algo que, de carne, tiene apenas el nombre. «Esto no es un filete —le dice al hombre detrás del mostrador—. ¿Por qué lo llamáis "filete" en el menú?»

Entonces, hace su ilustre comanda: «Mira, tráeme todo el beicon y todos los huevos que tengas —dice. Medio segundo después, vuelve a llamar al camarero—: Me da miedo que hayas entendido "Tráeme un buen plato de beicon y huevos". Lo que he dicho es "Tráeme todo el beicon y todos los huevos que tengas". ¿Estamos?».

En 2017, yo dejé de ver las noticias. Me da miedo que lo hayáis interpretado como: «En 2017, Mike empezó a ver mucho menos las noticias». Lo que he escrito, e hice realmente, es esto: «Dejé de ver las noticias». Todas. Bloqueé las páginas web de noticias en mi navegador y en el móvil. Cuando daban las noticias en la radio, cambiaba de emisora de inmediato. No esperaba a que acabaran los titulares, sino que cambiaba en el acto. Jamás cogía un periódico. Dejé de leer los artículos de opinión y análisis, algo que en mi caso tuvo mérito. (Vivo en Washington D. C. y me mudé aquí para dedicarme a la política, aunque ya no trabajo en eso.) Doy clases de relaciones públicas y enseño a argumentar, escribir profesionalmente, redactar discursos y elaborar artículos de opinión. He escrito discursos y editoriales para políticos, incluidos algunos candidatos a la presidencia de Estados Unidos. No empecé a seguir las noticias solo por instinto, sino porque lo disfrutaba muchísimo. Las razones eran diversas: me gustaba estar al día de lo que sucedía en el mundo, tener una opinión fundada, ser capaz de debatir seriamente de las cosas y poder ofrecer la otra cara de la moneda de tal forma que mi oponente tuviera que admitir su veracidad (como veis, más placeres dopaminérgicos).

Aun así, tenía la sensación de que la política me robaba gran parte de mi vida interior, así que decidí que la manera más rápida y efectiva de descubrirlo y de arreglarlo era dejarlo de golpe y afrontar la «abstinencia». También era la más difícil, y yo lo sabía. Pensé que dejar de escuchar las noticias sería como comer menos o ver menos a mi familia.

Me equivocaba.

Al finalizar el año, me di cuenta de que el mundo había seguido su curso sin que yo le prestara atención. Había suficientes personas interesadas de todo el espectro ideológico para que mi adiós no supusiera una merma del progreso social o del debate cívico. Entendí que tanto leer, morderme las uñas y escribir columnas para concienciar a la gente apenas había surtido ningún efecto. Y, a diferencia de casi todos los fanáticos de las noticias, yo llevaba años metido en ello. Y no solo leyendo y opinando... Había trabajado en el Capitolio y con los grupos de presión, sin rehuir el fragor de la batalla, defendiendo o combatiendo leyes, reglamentos, sentencias y nombramientos. Y, de repente, me pregunté el porqué.

No había sido el divorcio trágico que yo había esperado. Pensé que echaría de menos escuchar las noticias. Pero no me pasó. Yo consideraba beneficioso tanto el conocimiento como el placer del análisis, pero al final me percaté de que ese no era mi propósito al leer las noticias, sino un subproducto accidental. Mi búsqueda de esas cosas no había sido sino otro rapto dopaminérgico.

Las noticias me habían permitido disfrutar de una serie de placeres dopaminérgicos: el misterio de no saber cuál sería el siguiente titular, la promesa de aprender algo para poder entablar una nueva batalla intelectual y la ilusión de no saber cuál sería mi siguiente análisis, un análisis que ciertamente no enriquecería el discurso del público ni de mis amigos (a los que yo sabía que todo aquello les traía sin cuidado). Pero la energía emocional e intelectual y el tiempo que estaba dedicando a todo aquello era una inversión tremenda sin recompensa, ni para el mundo ni para mí.

Mucho antes de dejar las noticias durante un año, mucho después de que mi trabajo ya no exigiera estar tan al día, las noticias se habían convertido en una simple afición, aunque yo no lo había entendido. Nadie le sacaba nada en limpio, ni siquiera yo. Lo que yo pensaba que era una responsabilidad como ciudadano y una mejora propia era un trampantojo de crucigrama. Yo me lo pasaba en grande, pero me autoengañaba para creer que había algo más.

Y, para más inri, esa obsesión había afectado a mis amistades, algunas de las cuales se encontraban al borde del precipicio. Yo no había cambiado la opinión de nadie. Solo había logrado atrincherar a las personas que estaban de acuerdo conmigo y alejar a las que no lo estaban. No luchaba por una noble causa. Simplemente estaba cayendo en la espiral de buscar la aprobación en las redes sociales. Comprobaba una y otra vez el número de «me gusta» y no mejoraba la vida de nadie, y menos aún la mía. Ahora, cuando echo la vista atrás, me pregunto a qué habría dedicado el tiempo si las redes sociales no me hubieran incitado. Yo no era más que otro corredor inconsciente en la rueda de la alta tecnología, y confundía mi interés a corto plazo por un hito vital.

Y, en este punto, la experiencia se vuelve especialmente interesante. Si yo hubiera seguido las noticias para luchar por una cuestión o causa, mi búsqueda dopaminérgica habría sido un motor eficiente y satisfactorio para sobresalir. Pero no era el caso. Yo solo escuchaba las noticias para divertirme y, aunque no tiene nada de malo buscar la dopamina de vez en cuando para divertirse, era totalmente fútil. Aristóteles afirmaba que las actividades que no persiguen un fin superior nos hacen sentir vacíos. El psiquiatra Viktor Frankl creó todo un enfoque terapéutico en torno a esta idea, como recordaréis del capítulo 5. Ambos estaban en lo cierto.* Me alegro de haber entendido eso antes de que pasara más tiempo.

* Abordaremos esto al final del libro. *(N. del a.)*

¿QUIERES INTENTARLO TÚ?

Imagínate que tú también pasas un año entero sin noticias. Comenzar es difícil, pero mantener esa resolución es fácil. Mucho más fácil de lo que crees. Haz lo que hice yo: borra las aplicaciones o los enlaces a todas las noticias en tus dispositivos y, luego, decide que vas a dejar de escucharlas cuando te las encuentres «de sopetón». Antes de empezar, elige dos o tres actividades diferentes a las que recurrirás cuando sientas la tentación de leer las noticias. Puedes jugar a un juego de letras que te guste, llamar a un amigo o leer un libro. Y, otra cosa, no le cuentes a nadie lo que te has propuesto. De lo contrario, tus amigos tratarán de no comentar las noticias delante de ti, y eso disparará de nuevo tu deseo. Es probable que la gente hable de las noticias. No pasa nada. Acéptalo y cambia de tema. Si siguen erre que erre hablando de lo mismo, suelta una excusa y márchate.

¿Te da miedo perderte algo de vital importancia? Seguro que no es así. Es imposible aislarte por completo de las noticias. Si algo es crucial, te vas a enterar. Además, tu concepción de la «vital importancia» cambiará. Normalmente hablamos por los codos de quién es el presidente, de qué partido controla la Cámara de Representantes y el Senado y de qué efecto tendrán las distintas leyes en el mercado laboral y el IPC. Esas cosas influyen en nuestras vidas, por supuesto, pero las consecuencias acostumbran a ser sutiles, lentas y a largo plazo. Además, son solo algunos de una infinidad de factores. En la mayoría de las cuestiones, su impacto es tan imperceptible que la única razón por la que sabemos que influyen es que... hemos leído un titular en el móvil.

Si necesitas pruebas, coge el calendario y marca el día en que se cumplan tres meses desde que dejaste las noticias. Ese día, date permiso para leerlas, en el caso de que todavía te apetezca hacerlo. Pero ya te garantizo lo que encontrarás ese día: los titulares serán bastante parecidos a como eran antes. Los dramas continuarán, los cambios serán mínimos y el efecto sobre tu vida será prácticamente nulo. Sin embargo, la abstinencia de las noticias durante unos meses te habrá dado otra perspectiva de lo que importa y lo que no, del grado de control que puedes tener sobre tu impulso de «saber», y de lo que supone realmente una cuestión de vital importancia. Muchos pensamos que estamos intentando hacer un mundo mejor, cuando en verdad buscamos otra cosa.

13

LA PORNOGRAFÍA DE INTERNET

La magnitud del problema

La pornografía que encontramos en internet es la mayor lacra personal que se ha visto en la cultura. No aporta nada productivo a ese inmutable instinto humano, pero es gratis, se puede consumir en solitario durante horas y brinda sensaciones intensas y agradables con escasa desensibilización biológica o resistencia emocional. El porno es un engranaje perfecto alimentado por la atracción dopaminérgica y carece de reguladores naturales que limiten el efecto producido.

Eso significa que puede causar un auténtico destrozo en nuestra vida.

La pornografía de internet tiene una fuerza de atracción casi irresistible. Para decir que no, no basta con la fuerza de voluntad, el gusto o la moralidad. Hay personas que consiguen dominar ese deseo, pero son muchas más las que no. La experiencia del uso problemático de pornografía (UPP) se parece bastante a los síntomas de la adicción al alcohol y las drogas. Es un fenómeno marcado por las inclinaciones biológicas y por la atracción dopaminérgica, como la excitación por medio de la norepinefrina, la desensibilización del placer por medio de las endorfinas y el apego generado por la oxitocina y la vasopresina, que crean una sensación de vínculo con la propia pornografía. En algunos casos, el UPP también es una reacción a la ansiedad, la depresión, la soledad o los traumas, como puede ser el abuso infantil.[1]

La pornografía de internet es un problema que afecta en mucha mayor medida a los hombres que a las mujeres. El UPP afecta a las mujeres, pero entre los hombres es más prevalente. Cerca de un 28 por ciento de los hombres reconocen el problema,[2] en comparación con un 3 por ciento de las mujeres.[3] Aun así, esa cifra podría ser más elevada, dado que hay un gran estigma cultural respecto al consumo de pornografía entre las mujeres.[4]

La pornografía de internet causa disfunción sexual. En un estudio realizado en 2021 en el que participaron 3.400 hombres de entre dieciocho y treinta y cinco años, se detectó disfunción eréctil en un 20 por ciento de los sujetos estudiados. Cuanta más pornografía consumía un hombre, más probable era que tuviera ese problema. Más de un 25 por ciento de los hombres encontraban la forma de lidiar con eso, pero entonces los efectos de la desensibilización hacían otro acto de aparición: muchos recuperaban la calidad de su erección viendo más porno, más escenas de sexo extremo o ambas cosas. Esa fórmula solo funciona durante un tiempo. Al igual que con el alcohol y con la adicción a las drogas, te encuentras mejor si bebes más, pero al final terminas bebiendo como una topinera solo para lograr una apariencia de normalidad y, entonces, eso también deja de funcionar. Las mujeres sufren una pérdida de libido y excitación. Seguramente les afecta el mismo mecanismo que afecta a los hombres, y el exceso de exposición a la pornografía causa insensibilización. A las mujeres también les cuesta más llegar al orgasmo, probablemente por la diferencia entre las expectativas que genera la pornografía y la realidad del sexo.[5]

La pornografía daña las relaciones. El Survey Center for American Life del American Enterprise Institute apunta a una correlación entre el consumo de pornografía y la insatisfacción sexual.[6] La revista *Science* vincula el fenómeno con un aumento del índice de divorcios.[7]

Cuanto antes empieces, peor. El acceso al porno a una edad temprana también denota una influencia negativa. Cuanto antes empieza un hombre a masturbarse viendo porno, más probable es que sufra disfunción eréctil. Entre los que comienzan antes de los diez años, casi un 60 por ciento sufren disfunción eréctil.[8]

El problema es más prevalente de lo que crees. El 12 por ciento de las páginas web incluyen contenido pornográfico.[9] Un 69 por ciento de los hombres y un 40 por ciento de las mujeres dicen haber encontrado contenido de ese tipo durante el último año.[10] Internet se ha convertido en la mayor red de distribución de estimulación sexual gratuita, con unos ingresos globales estimados de entre 1.000 millones[11] y casi 100.000 millones de dólares[12] al año, cinco veces los ingresos de la NFL.[13] Hay más gente afectada por el UPP[14] que por la intolerancia al gluten,[15] y la probabilidad de que el UPP te afecte gravemente hasta alterarte la vida es más elevada que el riesgo de morir por una de las diez principales causas de muerte* en Estados Unidos.[16]

Y, aun así, el UPP se suele tratar como un vicio moral, más que como un problema de salud. La gente duda a la hora de confesárselo a sus amigos o a los profesionales sanitarios. El porno sigue siendo un tema tabú y ese silencio supone una barrera colosal a la hora de pedir ayuda.

Internet nos ha brindado la mayor oportunidad sexual de la historia. El fácil acceso a la pornografía desliga una experiencia humana básica (la estimulación sexual) de la necesidad de otro. Dicho eso, esa desvinculación empezó mucho antes del nacimiento de internet.

Las dos grandes desvinculaciones

La llegada de la pornografía a internet parece el mayor punto de inflexión de la historia del sexo, pero no lo es.

El 23 de junio de 1960, la FDA aprobó la comercialización del primer anticonceptivo oral para las mujeres. Decir que eso fue una revolución cultural sería quedarse tremendamente corto. La «píldora del día después» seccionó el vínculo entre la reproducción y la actividad se-

* Cardiopatía, cáncer, covid-19, accidente, infarto, enfermedad respiratoria, alzhéimer, enfermedad hepática, diabetes y enfermedad renal. *(N. del a.)*

xual convencional. Hoy lo damos por hecho, pero, en 1960, ¿a quién se le habría ocurrido que pudiéramos tener relaciones sexuales sin preservativo y no correr el riesgo de que nos tocara la lotería del niño? Era pura fantasía. Con la píldora del día después, el sexo se volvió más espontáneo que nunca. Rompimos las incómodas y mundanales cadenas de la negociación previa al coito para dar rienda suelta a nuestros impulsos, sin interrupciones ni restricciones temporales. De golpe y porrazo, el sexo, cuyo gran riesgo se había cernido hasta entonces sobre todas las relaciones sentimentales, podía reducirse a un mero acto físico sin mayor trascendencia.

Así se dio carpetazo a una era que había abarcado toda nuestra historia. Ya no necesitábamos ser tan precavidos con el sexo y sus consecuencias. En términos neurocientíficos, la dopamina del deseo podía mandar a la dopamina del control a freír espárragos.

Aún había factores éticos, religiosos y morales importantes (además del riesgo de contraer alguna enfermedad), pero ya no había que añadir la rígida biología de la gestación. Antes sopesábamos la atracción de los placeres carnales inmediatos, avivados por la dopamina, y los comparábamos con la losa que podíamos vernos obligados a llevar durante el resto de nuestra vida si sucumbíamos a la tentación. Pero ya no. Esa fue la primera gran desvinculación. La llegada de la pornografía a internet fue la segunda.

Antes de que se produjera esta revolución virtual, se plantaron las semillas en la década de los ochenta, cuando nació la industria de alquiler de videocasetes. El contenido que hasta entonces solo se había podido ver en sórdidas salas de cine llegó al televisor. Se acabaron las revistas para adultos. ¡Allí las personas se movían! Esta opción novedosa liberaba mucha dopamina y hacía que la masturbación fuera más atractiva, más intensa y más gratificante. Con los vídeos pornográficos, la masturbación no era tan intensa como en el sexo real, pero la brecha se cerraba lo suficiente para que muchos, en especial los que tenían problemas para socializar, consideraran el onanismo un sustituto razonable del sexo con otra persona. Además, siempre estaba disponible. El único contacto humano requerido era elegir un videocasete en un local comercial y entregarle el dinero al dependiente.

A finales de los años noventa, tener internet en casa se volvió más práctico y asequible y, al final, necesario, de modo que incluso esas trabas desaparecieron. Como las páginas web de pornografía se financian sobre todo gracias a la publicidad, muchas son gratis. Tener internet en casa no tardó en volverse la norma. Y, gracias a internet, ya no tenías que interactuar con nadie. Esa circunstancia equiparó por completo la masturbación y el coito. Por eso la pornografía virtual es la segunda gran desvinculación: el intenso placer sexual se desconecta de la necesidad de establecer una mínima relación humana.

Por consiguiente, el problema del porno es que la dopamina del deseo nos arrastra inevitablemente hacia un instinto humano básico liberado de cualquier restricción externa. Nunca ha existido nada tan deseable y desprovisto de consecuencias negativas inmediatas. Es un auténtico leviatán cebado por la desconexión humana, y no por la conexión humana.

Cómo recuperamos el control

Para minimizar nuestro problema con la pornografía, lo mejor es afrontar la batalla desde varios frentes. Aquí te doy varias herramientas, o armas, para que lo hagas mejor preparado, pero no escojas solo una. Conseguirás vencer el instinto más a menudo combinando estas estrategias. Lo mejor es empezar alzando una barrera considerable entre tú y la pornografía, apuntalada por otras técnicas. Las páginas web de pornografía son un problema que radica en la tecnología interactiva, así que varios de los trucos del capítulo sobre las redes sociales también serán aplicables ahora.

Sírvete de la tecnología. Casi nadie lo consigue solo con fuerza de voluntad. No pienses que vas a ser el único en encontrar una solución mostrando agallas. Es mejor que te prepares para cuando llegue la tentación. Haz que te resulte más difícil acceder al porno.

La forma más rápida de separarte un poco de la tentación es usar la tecnología. A diferencia de las redes sociales, a las que normalmente entramos a través de una aplicación, la vía más común para acceder al porno es un navegador. Eso significa que tienes que instalar un bloqueador de contenido o una extensión que te impida acceder a una lista de sitios web o direcciones DNS. Algunos bloqueadores incluso bloquean páginas concretas dentro de un sitio web. Otros también permiten especificar qué tipo de contenido te gustaría bloquear. Dado que salen nuevas extensiones continuamente y las viejas cambian de nombre o desaparecen, no voy a darte ninguna lista. Te aconsejo buscar «bloqueador de porno» en tu navegador.

Siempre se puede esquivar el bloqueador, pero, si instalas uno en tus dispositivos, al menos demorarás un poco el acceso al porno que quieres ver. Lo que hagas con ese tiempo es crucial. Aprende a reconocerlo como lo que es: un lapso entre la estimulación y la reacción que permite la actuación del «yo observador». Utiliza ese tiempo para pensar en lo que quieres en ese momento y en lo realizado que quieres sentirte a largo plazo.

En cualquier caso, normalmente las causas nobles no bastan para llevarnos a donde queremos ir. Por lo tanto, no te detengas ahí.

Ten otra cosa preparada por si acaso. Ya es lo bastante difícil sobreponerse a la atracción de la pornografía con una distracción. Sin distracción, es imposible. En la batalla dopaminérgica entre «lo que quiero ahora mismo» y «lo que quiero a la larga», renunciar al placer inmediato tiene todas las de perder. Por consiguiente, prepárate de antemano.

Elabora una lista de cosas que hacer en lugar de ver pornografía. No hagas una lista de páginas web diferentes. No sustituyas el porno por un videojuego o una página web de noticias. Piensa en algo que te aleje de la tecnología de internet. No tiene que ser una actividad intensa ni complicada. Solo tiene que sacarte de la situación durante unos segundos y resultar satisfactoria o incluso gratificante.

Cualquier tipo de actividad física siempre es muy útil. Elige algo con un propósito y que capte toda tu atención. Busca un objetivo; por ejemplo, hacer un número predeterminado de estiramientos, flexiones o dominadas. Un simple paseo por la manzana ayuda. Además del uso *ad hoc* de la actividad física, tal vez te venga bien hacer ejercicio a diario. Una rutina programada de unos pocos minutos tiene efectos beneficiosos en muchas áreas que pueden influir en tu deseo de consumir pornografía *online* y en tu capacidad para resistir a la tentación. La gente que hace deporte reduce su nivel de estrés, cosa que a su vez rebaja la necesidad de usar el porno y la masturbación como vía de escape. De hecho, puedes reemplazar la compulsión por consumir porno con las ganas de hacer ejercicio, un mecanismo cerebral de acción y recompensa que tú dominas mucho más y, por si fuera poco, aporta beneficios manifiestos y medibles.

Elige a un confesor ante el que rendir cuentas. Hablamos con nuestros amigos y familiares sobre una infinidad de cosas, muchas de ellas personales, íntimas y embarazosas. Pero todavía somos pocos los que compartimos con los demás la atracción que sentimos por la pornografía. Si tienes a alguien a quien puedas confesarle esto, dile lo que te está pasando y pídele ayuda. Pídele permiso para llamarle cuando te surja el impulso. La situación será incómoda. Pero hazlo igualmente. Si estás leyendo este libro, probablemente seas el tipo de persona que se sentiría honrada de poder ayudar a alguien a superar algo así. Seguramente tus amigos se sientan igual; a fin de cuentas, son amigos tuyos. Si no quieres rendir cuentas ante nadie, o no encuentras a nadie capaz de desempeñar ese rol, quizás puedas llamar a alguien para charlar cuando sientas el impulso. O mejor aún, haz una videollamada, porque así no podrás ver porno mientras habláis.

Toma nota de los desencadenantes y aprende de ellos. Muchas veces, los sentimientos compulsivos, las crisis de angustia y otros momentos de estrés aparecen de la nada. Si logras identificar un desencadenante, te será más fácil recuperar un poco el control.

Cada vez que sientas el impulso de consumir porno en internet, plantéate qué te ha pasado en los minutos previos y anótalo con la hora y el día. ¿Acabas de volver de alguna actividad o algún lugar que pueda haber provocado ese impulso? ¿Has sentido un estrés especial o has interactuado con alguien en particular? ¿Mucho ajetreo? ¿Aburrimiento? ¿En qué pensabas? ¿En alguien? ¿En algún problema? ¿En algo que ha pasado? ¿En una relación? No descartes nada por ser demasiado trivial o improbable. Recuerda que esta fase consiste en recopilar información, no en analizarla. Escribe también la intensidad del impulso. Usa una escala del uno al cinco, en la que uno sea «leve» y cinco, «irresistible». En unos días o semanas, puede que descubras que muchos de esos momentos aparecieron justo después de la misma acción, pensamiento o acto. Sabiendo eso, puedes prepararte para reaccionar de otro modo o para evitar el desencadenante en la mayor medida posible.

Algunas experiencias clave están enterradas un poco más hondo. El problema con el porno puede derivar de tu actitud respecto al otro (o el mismo) sexo o de algún trauma de tu infancia. En esos casos, ahondar en el problema en terapia te puede venir bien. Si te da miedo abordar las cosas de esta forma, recuerda lo que sabemos de la terapia ACT. No siempre tienes que profundizar en un recuerdo traumático o un problema para encontrar un modo de sentirte mejor. A menudo hay técnicas que ayudan a funcionar sin desenterrar vivencias dolorosas.

Aunque no encuentres una causa evidente, le sacarás provecho igualmente. En un estudio de 2020, un grupo de hombres empezaron a escribir en un diario sobre la pornografía que veían con el objetivo de reducir su consumo. Acabado el experimento, la mayoría dijeron tener menos pensamientos negativos, aceptarse más a sí mismos y sentirse menos culpables y avergonzados. Los investigadores dedujeron que el mero acto de dejar constancia de lo que estaban haciendo había forzado a los participantes a reflexionar más y más en serio sobre su consumo de porno. Esta reflexión los había hecho más capaces de lidiar con la pornografía virtual.[17]

Por lo menos, sal del lugar donde apareció el desencadenante. Ve a un supermercado y cómprate algo para picar o una botella de agua. Las calorías de una bolsa de patatas fritas son mejores que ceder al gancho del porno, sobre todo cuando estás empezando a luchar contra la tentación. Aléjate un rato del lugar en el que sucedió y distráete. Llévate un cuaderno en blanco y dibuja lo que ves. Coge un instrumento, llévatelo al parque y aprende algunos acordes o practica tocando una canción. El ukelele es fácil de transportar. La armónica te cabe en el bolsillo. O guarda el instrumento en el coche para que tengas que hacer el esfuerzo de salir a buscarlo. Hagas lo que hagas, deja el móvil. Cada vez que te alejas de la ubicación física donde sentiste la atracción del porno, haces que la próxima vez te sea más fácil decir que no.

Otra opción es el «reinicio». Uno de los métodos más habituales para tratar la adicción es la abstinencia, o el «reinicio», que significa simplemente parar. Es difícil, pero mucha gente lo consigue con el alcohol y las drogas, y parece que con el porno también funciona. Eso no significa que tengas que cerrar los ojos y aguantar. No es un ejercicio de voluntad de poder al más puro estilo nietzscheano. Puedes usar cualquier método que quieras para dejarlo. La forma en que lo hagas no es tan importante como el hecho de que lo hagas. Cuando dejas la pornografía virtual por completo, los resultados pueden ser extraordinarios.

En un estudio británico realizado en 2021 para analizar los intentos previos de reiniciar el cerebro, psicólogos de la Universidad Nottingham Trent encontraron resultados prometedores para las personas dispuestas y capaces de realizar una hazaña de ese calibre.[18] Las que conseguían estar dos semanas sin consumir porno mostraban un mayor compromiso en sus relaciones y eran más capaces de reconocer y analizar sus compulsiones. Los investigadores también mencionaban varios casos clínicos en que los participantes se curaban sustancialmente de sus problemas sexuales: entre otros, la baja libido durante el sexo convencional, la disfunción eréctil y las dificultades para llegar al orgasmo durante el sexo.

Recuerda la moraleja. Si decides que tienes un problema y quieres corregirlo, no te conformes con medias tintas. Déjalo del todo, tanto si tardas un poco como si lo consigues de golpe. No intentes hacer esto tú solo, porque es un camino innecesariamente tortuoso y solitario. Ármate con una serie de herramientas que sean compatibles y que te ayuden en tu afán.

14

LAS COMPRAS

¿Comprar puede ser una adicción?

Comprar, o simplemente mirar los escaparates, es un mecanismo de defensa que nos conforta. Imaginar cosas que podríamos tener (y ese «podríamos» es clave, naturalmente) sacando la tarjeta de crédito y completando la transacción libera dosis constantes y directas de dopamina. Nos resulta placentero imaginar cómo podría («podría») ser nuestra vida si lleváramos esas cosas del plano del deseo al plano de lo real: ropa de marca, electrónica de última generación, cochazos, ordenadores superpotentes, móviles increíbles y joyas glamurosas. El poder restaurativo de las compras es tan grande que lo llamamos «terapia consumista». Y no hace falta ir a una tienda de Chanel ni a un mostrador de Tiffany para sentir ese arrebato. Para algunos, basta con descubrir los tesoros ocultos de Wallapop o llenar el carrito virtual de Amazon a la espera de ese delicioso momento en el que presionas esa barrita amarilla que dice «Tramitar pedido».*

* Un servidor no es inmune. A principios de 2024, lo hice con el

Hay un debate entre los profesionales sobre si algunas conductas indeseadas cumplen con la definición técnica de la adicción. Es un debate interesante si no eres quien padece el problema. A los demás no debería afectarnos. La mayoría de los que sufrimos esas conductas en nuestra vida solo queremos mejorar. Nos preocupa un sentimiento, un instinto o una compulsión de los que queremos librarnos, y nos gustaría saber si es algo para lo cual deberíamos pedir ayuda o si es algo que podemos corregir nosotros mismos. En otras palabras, ¿es una adicción o una simple necesidad de tener más autocontrol?

Algunos compramos más de lo que deberíamos. No tiramos la casa por la ventana, pero a veces compramos más de lo que necesitamos, queremos o podemos permitirnos. Si te preocupa tu comportamiento, esa es razón suficiente para cambiarlo, pero es sensato saber cuándo es mejor tratar algunas atracciones adictivas con ayuda profesional. Plantéate estas preguntas:

1. ¿Pasas muchas horas al día haciendo esto, planificándolo, organizando tu vida para poder hacerlo o recuperándote de sus efectos?
2. ¿Necesitas esta conducta para sentirte normal?
3. ¿Te provoca algún daño mental o físico o te pone en peligro? En caso afirmativo, ¿sigues haciéndolo?

último iPhone en la página web de mi compañía de telefonía móvil. Lo añadí al carrito y luego lo «abandoné» durante tantos días que me acabó llamando una agente de Verizon, de nombre Marissa. Marissa se ofrecía a completar la transacción por mí y ser «su representante personal en Verizon de ahora en adelante». (Al final compré el teléfono.) *(N. del a.)*

4. ¿Has intentado en varias ocasiones reducir el consumo y no lo has conseguido?
5. Cuando actúas de ese modo, ¿sacrificas tiempo que deberías dedicar a tu trabajo, tu familia u otros intereses?
6. ¿Escondes a los demás esta conducta o la frecuencia con que la haces?
7. Cuando paras, ¿te sientes triste o irritable?[1]

Cuantas más veces hayas respondido que sí, más probable es que esa conducta indeseada sea una clase de adicción, y la ayuda profesional podría ser la mejor opción. Si la mayoría de tus respuestas han sido que no, es probable que puedas cambiar sin respaldo de un profesional. De cualquier forma, si tienes la impresión de estar perdiendo el control de tu atracción, ponte en contacto con una persona capaz de dirigir tu proceso terapéutico y recetarte medicación. Terapias como la TCC y la ACT, a menudo combinadas con antidepresivos o ansiolíticos, pueden reducir la frecuencia, el impacto y la atracción de los sentimientos que te acechan. También hay otros métodos. Algunas técnicas de eficacia probada son la atención plena y la tolerancia al dolor a través de la terapia dialéctica conductual, usando la terapia interpersonal para encontrar formas de conectar con los demás, así como la terapia familiar tradicional. Para muchos, los grupos de apoyo son clave, y a veces son todo lo que necesitan. Para otros, el problema puede estar relacionado con su salud financiera, y eso puede arreglarse con un poco de asesoramiento económico, acompañado de algunos cambios en el estilo de vida. Sea cual sea tu elección, no hay necesidad de sufrir, porque el tratamiento de este problema muestra un gran porcentaje de éxito.

Si quisieras abordar este problema dopaminérgico sin la ayuda de nadie, ¿por dónde deberías empezar? Vamos a comenzar explorando cómo el consumismo ha llegado a ocupar un lugar tan prominente en la vida moderna y vamos a analizarlo más allá de sus atributos negativos. Luego sopesaremos la esencia psicológica del problema. Por último, indagaremos en técnicas concretas que puedes aprender y practicar para mejorar.

El gasto como solución

La época actual fomenta las compras compulsivas, también conocidas como oniomanía. Los medios rebosan de publicidad que nos colma de refinados llamamientos para adquirir cosas. La tecnología también atiza esta ansia, tanto mostrando anuncios personalizados a nuestros intereses como ofreciendo productos que hace unos años no existían. No solo codiciamos cosas que podemos conseguir, sino que compramos algunas que nunca podremos ni tocar, como servicios digitales de plataformas de contenido audiovisual o proveedores de música. El mercado del siglo XXI es un sueño para los vendedores y un paraíso para los compradores.

Muchos nos vemos tentados a censurarlo todo y atribuirlo al triunfo del mero consumismo. Y tal vez sea eso. Pero, al igual que muchos otros desafíos dopaminérgicos que hemos analizado, lo que parece completamente negativo —en este caso, la tentación de comprar sin parar y el «exceso de opciones por elegir»— también aporta considerables beneficios. Igual que la dopamina nos tienta, también nos ha impulsado hacia una productividad espectacular, la cual ha generado una prosperidad y una bolsa de oportunidades sin precedentes.

En 1984, antes de que empezáramos a deambular por el mundo con móviles y portátiles, que tan eficientes nos han hecho, el promedio real de ingresos en los hogares estadounidenses era de unos 59.000 dólares anuales. En 2023, esa cifra había crecido un 37 por ciento hasta los 80.610 dólares.[2] También se trabajaba menos horas a la semana[3] y el tamaño de la economía norteamericana se había multiplicado por más de tres.[4] Incluso la esperanza de vida había subido.[5] Hasta finales del siglo xx, los consumidores solo pudieron contratar una compañía de servicios de telefonía. Ahora hay más de cien, y los móviles portátiles han sustituido a los teléfonos fijos. En su día solo había tres cadenas de televisión privadas, que hacia la una de la madrugada dejaban de emitir. Ahora hay cientos de canales que retransmiten las veinticuatro horas del día. Hasta que la Administración Carter privatizó el sector aéreo en 1978, ir en avión solo estaba al alcance de unos pocos. Ahora, cualquiera puede comprarse un billete asequible y viajar a alguna parte.

La losa de la elección es considerable, pero sin ella tendríamos vidas más pobres. El incremento de la actividad económica ha mejorado muchos aspectos de nuestra calidad de vida e incluso de nuestra longevidad. El consumismo diario parecerá cutre y el consumismo extremo conlleva problemas reales, pero los datos indican que, en general, poder elegir es mejor que no poder hacerlo.

EL CEREBRO ME HA OBLIGADO A COMPRARLO

La gente que compra más de lo que se puede permitir, o que compra para buscar una satisfacción que nunca llega, está experimentando la clásica promesa dopaminérgica en su vertiente consumista: si consigues esto, serás más feliz. Obviamente, hay otros factores que influyen. Por ejemplo, a veces, la gente que busca consuelo en las compras tiene baja autoestima y es más influenciable.[6] Eso podría fomentar de manera natural algunas compras. Si tu estado de ánimo depende de las opiniones ajenas, comprar cosas elegidas o alabadas por las personas que te rodean indicará que estás en su grupo. Pero esas motivaciones son secundarias, porque sabemos que, en términos neuroquímicos, el subidón de dopamina es lo que importa. En un estudio de 2007 publicado por *World Psychiatry*, la revista oficial de la Asociación Mundial de Psiquiatría, Donald Black identificó «cuatro fases bien definidas» en el trastorno de compras compulsivas.[7] Las primeras dos, la anticipación y la preparación, describen las actividades del circuito del deseo y del control en el orden clásico en que operan. Las últimas dos, la compra y el gasto por la compra, describen las experiencias del aquí y el ahora que aparecen cuando se consuma la adquisición.

Hay que decir que, después de comprar, no siempre se obtiene un gran placer de la posesión. Los compradores compulsivos o problemáticos suelen adquirir cosas que no necesitan o no utilizan. A veces, el producto no llega a salir de su envoltorio. De hecho, el consumidor dedica más y más tiempo a comprar y buscar. El acto de comprar puede adquirir rasgos rituales en lo que se refiere al momento y el lugar elegidos por el comprador, lo que este hace antes, durante y después de la compra, e incluso lo que esa persona lleva consigo por hábito, por compulsión o, por qué no, como «amuleto». El ciclo de la compra y la decepción se repite constantemente. Nos subimos a la montaña rusa del placer, pero acabamos cayendo en la decepción y la culpabilidad.

A veces hacemos cosas porque alivian un tipo de intrusión mental llamada «obsesión»: un pensamiento, un instinto o una imagen «recurrentes y persistentes» que no queremos y que destacan por «la ansiedad o el malestar» que provocan.[8] La gente que sufre una obsesión tiende a mitigarla con una compulsión: una respuesta repetitiva como lavarse las manos, hacer un gesto o decir una palabra o una frase en bucle.

Gracias al estudio del trastorno obsesivo-compulsivo, sabemos que las compulsiones pueden aparecer debido a la actividad de la dopamina en dos áreas: el cuerpo estriado dorsal medial, que guarda relación con el aprendizaje por objetivos, y el cuerpo estriado dorsal lateral, que guarda relación con los hábitos.[9] Así es como parece funcionar. Cuando perseguimos un objetivo, estamos respondiendo al incentivo de una recompensa. Es lo que pasa, por ejemplo, cuando nos saltamos el postre para perder peso. La conducta habitual es una respuesta inconsciente que no necesita recompensa; por ejemplo, cuando decimos «Jesús» porque alguien ha estornudado. Si estos dos sistemas se entreveran, una conducta que antes requería una recompensa podría convertirse en un hábito o una compulsión. Cuando me rasco la nariz, deja de picarme. Pero si el acto de rascarme la nariz se desliga del alivio que antes me daba (la recompensa), tal vez siga rascándomela sin motivo. Lo haré por hábito. Antes lo hacía por una causa; ahora, «porque sí». Para corregir un problema así, tenemos que encontrar formas de revertir el hábito.

Decir que no al consumismo como terapia

Por suerte, hay técnicas efectivas para tratar la obsesión por las compras.

Como ya dijimos al hablar del estudio sobre los ludópatas que necesitaban seguir llevando el móvil, no basta con atajar cualquier tentación, porque la tentación es inherente a la propia vida. Puedes empezar minimizando la exposición, pero, para evitar futuras recaídas, debes cambiar tus reacciones a la tentación. No pienses solamente en vías para evitar el problema. Piensa en cómo aspiras a comportarte, en qué persona quieres ser. Al final, conseguirás comprar menos y menos a menudo. Puedes reducir la atracción superando el hábito y entendiendo su origen. De esa forma, las compras volverán a ser una elección, y no una compulsión.

Esconde las tarjetas de crédito. Deja de llevar las tarjetas encima. Déjalas en casa. Sácalas solo cuando vayas a comprar algo que hayas decidido previamente que quieres y necesitas. Y renuncia a la posibilidad de pagar con dispositivos como el reloj inteligente o el móvil. Un consejo radical: una manera de hacer más difícil el uso impulsivo de la tarjeta de crédito es meterla en una taza de plástico llena de agua y guardarla en el congelador. Antes de usarla tendrás que esperar a que se deshaga el hielo,* y así tendrás tiempo no solo de replantearte la compra, sino también de reflexionar en el esfuerzo que estás haciendo por gastar menos. Lo peor que puede pasar es que intentes acelerar el proceso picando el hielo. ¿Mi consejo? Si quieres liberar así la tarjeta, hazlo delante de un espejo y grábate. Será una imagen inolvidable de lo que eres capaz de hacer para satisfacer tu impulso. No te gustará lo que vas a ver, y tal vez eso te dé la motivación para elegir otro camino en el futuro.

Organiza alternativas para tu tiempo libre. La mayoría de nosotros no tenemos que comernos el coco para pensar en algo que hacer durante el tiempo libre. El problema es que muchas veces no pensamos en nada y caemos inconscientemente en un hábito, que tal vez sea lo que estemos tratando de evitar. Aquí, un remedio que nos servía para otros vicios también nos puede venir bien. Antes de que llegue la hora de elegir a qué vamos a consagrar el tiempo, prepara una lista de las opciones. Ordénalas por duración. ¿Media hora libre? Pasear al perro. Hacer estiramientos. Llamar a un amigo. ¿Una

* Sé lo que estás pensando: la meteré en el microondas. Yo no te aconsejo meter la tarjeta de crédito en el microondas. El cortocircuito dañaría el chip y la tarjeta se fundiría. Además, la tarjeta tiene una pequeña antena de metal que se autodestruye con un increíble espectáculo de lucecitas. ¡Flipa! *(N. del a.)*

hora y media libre? Ir al gimnasio. Ir andando a la biblioteca. ¿Una tarde libre? Elegir algún lugar que esté lejos e ir en coche hasta ahí para hacer cualquiera de las actividades que tengas apuntadas. Cuelga la lista en la nevera. Lo que experimentamos con nuestros sentidos nos influye más que las cosas que tenemos que recordar, sobre todo cuando estamos luchando contra un impulso indeseado. Dicho de otra manera, si lo pones por escrito, y no lo guardas solo en tu mente, eso ya se vuelve más «real».

No vayas a comprar solo. Si vas de compras, llévate un seguro de vida contra las compras excesivas. Ve con alguien que sepa a qué te enfrentas y que no sufra el mismo problema. Esa persona puede ser la versión corpórea de esa vocecita en tu cabeza que te insta a resistirte, y tendrás incentivos para hacerlo porque querrás demostrarle que estás consiguiendo lo que te has propuesto.

Escribe por qué quieres parar. La próxima vez que aparezca el impulso de comprar, siéntate con un lápiz y papel.* Anota los números del uno al diez en el borde de la página. Al lado de cada uno, escribe en una línea la razón por la que pretendes ir a comprar. Cuando ya tengas dos razones, te costará encontrar más. Tú persevera. Obligándote a pensar un poco, profundizarás más que con las respuestas obvias y sacarás a relucir motivos más íntimos e importantes. Y si no los encuentras, eso en sí mismo ya es una respuesta. Igual que con la TCC, la idea es encontrar las causas, o sea, las razones

* No lo hagas a máquina. Cuando escribimos a mano, vamos más lentos y tenemos más tiempo para pensar. *(N. del a.)*

por las que sigues comprando a pesar de que esas cosas no te satisfacen. Limitándote a escribir una sola línea por motivo, en vez de redactar un párrafo entero, te obligas a ir al grano. No podrás parapetarte tras una frase rococó para evitar decir la verdad. Este tipo de reflexión interna, que hacemos en el momento en que surge la atracción, nos ayuda a adquirir resistencia contra el hábito a través de nuestros actos y razonamientos.

Entender un poco las cosas puede ser crucial para resituar la motivación. No es fácil, pero usar diferentes métodos (por ejemplo, unir fuerzas con otras personas y separar el impulso de la reacción para dar tiempo a nuestro «yo observador») puede aportarnos ventajas adicionales en este proyecto. Siempre tendremos que comprar cosas, así que no vamos a resolver el problema evitando gastar. Pero cada vez que logramos resistirnos hacemos que sea más fácil resistirnos a la próxima tentación.

15

LOS VIDEOJUEGOS

Yo no necesito una vida. Yo juego

Hay más usuarios de videojuegos[1] que espectadores en las salas de cine[2] o en los estadios deportivos.[3] Si hablamos de ingresos, el sector de los videojuegos es más grande que los otros dos juntos.[4] Supera incluso el de la pornografía.[5] La fuerza motriz de todo este esfuerzo mental y económico no es la mera «diversión». Una encuesta de la Entertainment Software Association[6] no deja lugar a dudas: la gente juega para aliviar el estrés, la ansiedad o la sensación de soledad. Esas personas dicen que jugando son más felices y que jugar es un antídoto para «los momentos duros».

El videojuego suscita una experiencia anticipatoria de especial intensidad. Capta nuestra atención con algo que podríamos denominar el «gotero dopaminérgico». A diferencia de actividades en las que un solo acto desemboca en una sola recompensa, jugar a la consola constituye una serie de encuentros infinitamente variados y siempre nuevos en uno u otro aspecto. Estas cesiones reiteradas de la dopamina del deseo a la dopamina del control se producen en intervalos aleatorios. Cada transición ofrece la oportunidad de una recompensa, por pequeña que sea, y a veces ofrece algo mucho mayor. Esta vía atrae al jugador hasta el siguiente paso de manera continua, durante el tiempo que la persona esté dispuesta —o se sienta forzada— a aguantar. Es una versión sofisticada de la máquina tragaperras. Cada apuesta conlleva no una promesa, sino una sensación mucho más seductora: «el quizás». Además, el juego amolda la experiencia para resultar más atractivo para el jugador en función de las cosas que le generan una respuesta más intensa. A medida que la inteligencia artificial mejore, esta personalización sobre la marcha se volverá más precisa y efectiva. En la misma línea, los juegos complejos que antes solo estaban disponibles para la videoconsola son cada vez más accesibles desde el móvil. Pensad en el uso de la publicidad para ofrecer juegos sin coste directo para el jugador; en los «cofres de recompensa»* ideados para persuadir al usuario de que gaste dinero para conseguir extras; o en la tecnología en constante progreso que incrusta este «gotero dopaminérgico» en una experiencia sensorial cada vez más inmersiva... Es obvio por qué los videojuegos tienen tanta fuerza.

* En algunos juegos, los usuarios tienen la oportunidad de reclamar un «cofre» con premios: normalmente, armas, vidas extras o complementos para el personaje. Para saber qué hay en el cofre que has ganado, tienes que pagar la «llave». Quizás te toque algo fantástico o quizás no. Está hecho a propósito. Es una golosina para manipular tu sistema dopaminérgico. En los juegos de pago, es una fuente de ingresos adicional. En los juegos gratuitos, complementa o sustituye los beneficios de la publicidad. *(N. del a.)*

La diferencia elemental entre la adicción a los videojuegos y el ejercicio, por decir algo, es que el ejercicio es simplemente algo que haces, no una experiencia en constante evolución que interactúa contigo. El deporte tiene una meta natural. Tú decides cuándo terminas, a diferencia de lo que pasa con algunos videojuegos, que están diseñados para atraparte indefinidamente.

Cómo usar nuestras habilidades para ganar un juego inédito

Para abordar la adicción a los videojuegos, podemos empezar reiterando lo que hemos aprendido con otros problemas dopaminérgicos, como el amor.

- Igual que la atracción romántica, la atracción de los videojuegos se alimenta de la novedad, la escalada, la incertidumbre y la anticipación en busca de una recompensa.
- Cuando buscamos a la persona indicada para iniciar una relación y lidiamos con sentimientos de índole sexual, es habitual tener que sacrificar lo que queremos en el momento para quedarnos con lo que preferimos a la larga. Los jugadores que están tratando de crear nuevos hábitos hacen un balance similar.
- Cuando tratamos de mantener una relación, a veces tenemos que cultivar vías alternativas a la satisfacción. Cuando los jugadores intentan reemplazar parte de su tiempo de juego con otras acti-

vidades, deben buscar placer en cosas que tal vez no hayan hecho antes.

- Los jugadores, igual que los miembros de una relación larga, tienen que aprender a saber cuándo están cayendo bajo el hechizo de una «bonita mentira» sobre las experiencias que están buscando o las que ya han tenido.
- Igual que sucede con el uso obsesivo de las redes sociales y el uso problemático de pornografía, la adicción a los videojuegos se puede mitigar aprovechando la tecnología en nuestro propio beneficio, en lugar de permitir que esa tecnología siga aprovechándose de nuestra naturaleza humana.

No desistáis: los rasgos que hacen de alguien un buen jugador también pueden ayudarle a superar un problema de adicción. A los grandes jugadores se les da bien reconocer patrones y pensar fríamente. Para recuperar el control sobre el tiempo de juego, necesitamos esas mismas destrezas, solo que esta vez nos serviremos de ellas para combatir la compulsión o el hábito.

Para ayudarte a recuperar lo que estés perdiendo por culpa de los videojuegos, tienes tres soluciones: pedir ayuda a otros, gestionar mejor el tiempo y entenderte mejor a ti mismo.

Dale al botón de socializar

Utiliza las conexiones humanas para reducir tus hábitos de juego.

Busca compañía. La mayoría de los jugadores admiten que entre un 75 y un 100 por cien de las veces juegan sin nadie en la misma sala, así que lo hacen en modo individual.[7] No obstante, muchos juegan porque les gusta tener amigos que también lo hacen. Cuando hablé con Drake Greer, un antiguo alumno mío de la escuela de posgrado que durante un tiempo participó en competiciones de videojuegos,[8] me dijo: «Yo he conocido a muchos de mis mejores amigos a través de los videojuegos. Viven en otros husos horarios y nunca nos hemos visto en persona. A veces ni siquiera jugamos. Solo es la excusa para quedar y charlar». Según dice, es una oportunidad para disfrutar más del juego mientras se reduce el tiempo delante de la pantalla.

Proponte dedicar una parte de ese tiempo de ocio a jugar con otras personas en modo multijugador, o en la misma sala. Busca a alguien disponible para una o dos horas a la semana. No te marques un objetivo imposible ni tengas miedo de contarle a esa persona por qué lo haces. Es posible que ella se sienta igual. La mera presencia de otros jugadores puede ayudarte a regular el tiempo que dedicas a la actividad. «En cuanto una persona se desconecta —dijo Drake—, puede crear un efecto dominó. A veces, asimilar eso, que te has quedado solo, es suficiente para dejar un juego que se ha convertido en un hábito. A mí me ha ayudado a entender que no es tan divertido.»

No hace falta ni siquiera que la otra persona que hay en la sala esté jugando. «Empiezo a detectar una tendencia en las redes sociales con la generación *millennial* y Z: el chico apasionado de los videojuegos que sale con la chica empollona —dijo Drake—. Sigue siendo un vínculo, aunque estén haciendo actividades distintas.»

Busca un amigo que te ayude. Tener a alguien ante el cual rendir cuentas te ayuda a cumplir tu objetivo de no consumir más porno por internet. Del mismo modo, ese apoyo te vendrá bien ante el dilema de «jugar o no jugar». A esa persona no tiene por qué gustarle jugar. Dependiendo de tu situación, tal vez sea incluso mejor encontrar a alguien que no sepa nada sobre el tema. Así, te hará preguntas para entender lo que haces y para saber por qué parar de golpe en medio de la partida es un problema de los gordos. Y tendrás la oportunidad de volver a pensar en el desafío al que te enfrentas y en las opciones que tienes para abordarlo.

Dale al botón de pausa

Tu tiempo tiene un valor, y tú mereces decidir en qué lo inviertes. Estas son algunas formas de hacerte con el control del tiempo que dedicas a jugar.

Decide cuánto tiempo quieres pasar jugando. Empieza midiendo el tiempo que le dedicas ahora. La PS5, la Xbox y la Nintendo Switch ofrecen esa opción. Por ahora, puedes consultar esa información desde la pantalla de inicio, desde tu perfil o desde la opción de control parental. Steam desglosa los datos de forma aún más detallada.

Esa es una manera fácil de controlar el tiempo de juego, pero hay una solución mejor. (También es la única que hay, aparte de las aplicaciones, si juegas con el ordenador o el móvil.) Cuando te pongas a jugar, registra la hora que empiezas y la hora que acabas. Pasados unos tres o cuatro días, calcula las horas que has estado jugando al día. Partiendo de esa referencia, márcate un tiempo ligeramente inferior como primer objetivo. No te pases. Este tipo de dieta se parece mucho a la dieta calórica: es imposible reducir drástica o totalmente el consumo y esperar que te vaya bien. Ve poco a poco.

Pongamos que juegas entre dos y cuatro horas cada día. Eso es una media de tres horas, 180 minutos al día. El 15 por ciento de eso son 27 minutos, cerca de media hora. Por lo tanto, fíjate el nuevo límite en las dos horas y media. Cada semana, reduce un poco el tiempo de juego hasta llegar a tu objetivo, sea el que sea. Drake Greer sugiere usar dos alarmas, una «blanda» y una «dura». La blanda debería sonar entre diez y veinticinco minutos antes que la dura, y es una señal para ir acabando las misiones o los objetivos que tengamos empezados, o para ayudarnos a decidir si tenemos tiempo para «iniciar un nuevo nivel». Este aviso es importante, porque en muchos juegos no se puede parar o cerrar sin pagar un precio. Cumplir con la alarma dura es más fácil si no perdemos el arduo trabajo que hemos invertido hasta ese momento. También nos otorga un mayor control sobre nuestros actos.

Escoge restricciones temporales apropiadas en función de los otros objetivos que te hayas marcado en la vida. En internet encontrarás muchos consejos sobre lo que hace un jugador «medio», pero recuerda que tú no eres un jugador medio. Lo que te conviene, te conviene porque eres tú. Si decides que tu objetivo final es jugar como máximo una hora al día, tres días a la semana, allá tú. Si decides que te puedes permitir jugar dos horas cada día... no pasa nada: mientras eso encaje con tus otras prioridades, es la opción adecuada para ti. Tu objetivo es recuperar el control sobre el juego para obtener un mayor control sobre tu vida, rechazar mejor los impulsos indeseados y, de este modo, vivir una vida más satisfactoria.

Programa las horas de juego de acuerdo con tus prioridades. No tienes que seguir un plan a rajatabla para reducir las horas de juego. Usa la creatividad para encontrar tiempo que aprovechar. Juega solo por la tarde o por la noche, o en la franja horaria que mejor te venga. Planifica tu «ingesta» de juego del mismo modo que planificarías tu ingesta calórica, pero recuerda que tu objetivo es solo eso, un objetivo, y no una orden. No pasa nada por ser flexible. Para ayudarte en tu propósito, bloquea el acceso a ciertas horas por medio del control parental o aplicaciones de terceros.

«Aunque sigo jugando de forma esporádica (en el avión o si tengo algún día libre), para mí las vacaciones o los viajes son un gran paréntesis —dijo Drake—. Me he dado cuenta de que en las vacaciones no juego con la misma frecuencia porque hago otras actividades que rompen ese hábito. Cuando viajo o estoy de vacaciones, paso unos días sin jugar, rompiendo ese hábito de una o dos horas diarias. Al volver a casa, noto que soy más tiquismiquis a la hora de elegir a qué jugar.»

Prevé en qué momentos sentirás un impulso más intenso. Busca patrones en tu horario original. ¿Dedicas más tiempo a jugar por la tarde? ¿Por la mañana? ¿Después del trabajo? ¿El fin de semana? ¿Tras una conversación estresante? ¿Después de comer? Saber en qué momentos tendrás más ganas de jugar te ayudará a cambiar tu foco de atención cuando estés más vulnerable. Muchos días cumplirás tu objetivo, pero seguramente no siempre lo harás. Eres humano. No tires la toalla por un traspié. Perdónate, levántate y vuelve a intentarlo.

Elige días puntuales en los que no vayas a jugar en absoluto y analiza cómo eso afecta a tu determinación. Esos días «libres», dirige tu atención hacia otra cosa que te interese. «En la primavera de 2024, aproveché las vacaciones de final de trimestre para irme y un sábado que tenía libre tuve la oportunidad de jugar —me contó Drake—. Pero en vez de jugar, decidí pasar el día leyendo y me terminé un libro entero, algo que creo que llevaba años sin hacer. También llamé a mis abuelos. La posibilidad de jugar seguía ahí, pero como estaba haciendo otras cosas y habría tenido que cambiar el soporte para jugar con el portátil o la Nintendo Switch, me resultó más fácil no hacerlo.»

SER MÁS LISTO QUE EL HÁBITO

Piensa qué otra cosa te atrae aparte de jugar, y piensa qué te resulta atractivo del videojuego.

Planifica otra cosa que hacer antes de que la necesites. Cuando decidas no jugar, ten algo que hacer en la recámara. Ten preparada una alternativa, de la misma manera que la tendrías en caso de estar luchando contra la atracción de las redes sociales o la pornografía. ¿Qué puedes hacer? Di en voz alta: «Preferiría pasar menos tiempo jugando y más tiempo...», a ver qué te sale.

Como hemos observado en otras complicaciones relacionadas con la dopamina, la actividad física nos exige mucha más dedicación que una distracción puramente mental, así que levanta tus posaderas del sofá (o de esa estupenda silla ergonómica) y muévete. Ordena la casa. Pasa la aspiradora. Pasea al perro. Coge la raqueta y practica tu saque. Sal a pasear. Ve a batear. O al campo de golf.

Otra idea que compartió conmigo el jugador Drake Greer: «Por lo general, juego de noche, cuando llego a casa del trabajo o de la universidad. A esas horas se conectan la mayoría de mis amigos. Pero justo al lado de la puerta tengo una pizarra blanca con una lista de tareas alternativas. Es facilísimo llegar cansado y encender la tele. Pero la pizarra me recuerda: "Eh, aquí tienes cosas que hacer". ¿Todas son cosas que me atraen? Pues no siempre (algunas son fregar platos o hacer la colada), pero algunas son actividades entretenidas que podría hacer: organizar libros, acabar los deberes o informes, leer el libro que todavía no he terminado. Al ver la lista, me acuerdo de esas cositas que pueden neutralizar la fuerza de atracción de mi PS5 y de mi tele, que están en la sala de estar. Me ayuda a tomar otra decisión».

El juego debe dejar de ser un pasatiempo para convertirse en un acto especial. Si puedes trasladar tu consola o tu dispositivo a una habitación que no necesites para otras cosas, tendrás la sensación de que jugar es una actividad más única, especial y digna de respeto que ese mero pasatiempo diario e indigno en el que se ha convertido. Elige una habitación de casa para que sea el único lugar en el que esté permitido jugar. Así te será más fácil separar mentalmente esa actividad de otras cosas. El dormitorio está prohibido. Te sentirás muy tentado de excederte en tu límite temporal si te metes en la cama y tienes la ocasión de bajar revoluciones con un videojuego.*

Ensaya para cuando llegue el momento de la «tentación». Has elaborado una lista con las cosas que puedes hacer en vez de jugar. Así, te aseguras tener que parar y pensar en algo en el momento de mayor atracción. Ensaya para cuando tengas que hacer esa elección. Practica diciendo que sí a esa otra cosa y no a jugar. De esta forma, puedes experimentar la sensación de autoprivación y reflexión consciente (ser el «yo observador»), que es una de las habilidades de la ACT. Eso te da las herramientas para actuar según tu reflexión sobre lo que sientes, en vez de responder directamente a lo que sientes. También te da un margen para recordarte tu objetivo final: lo que quieres es recuperar el control sobre tu tiempo y tu productividad.

Piensa cuándo es más probable que llegue el «momento de elegir», dónde estarás y qué podrías estar haciendo entonces. No te contentes con un diálogo interno. Imagina que te está pasando ahora mismo y habla en voz alta. La estimulación sensorial durante la práctica refuerza el recuerdo, y eso te hará más fuerte para cuando llegue el momento de actuar. (Cuando llegue la hora, dilo también en voz alta.)

Piensa en el motivo por el que juegas y por el que juegas tanto. Las personas coinciden bastante en

* Si juegas con el móvil, este método no funcionará. En vez de eso, usa las técnicas para reducir el uso de las redes sociales. *(N. del a.)*

los motivos: jugar es una actividad sumamente útil para reducir el estrés y mejorar el estado de ánimo. Pero eso no explica por qué sigues jugando cuando ya has conseguido el alivio que buscabas. ¿Cuál es tu motivación? Plantéate preguntas directas y escribe todo lo que se te ocurra. No filtres nada. Como si fuera una lluvia de ideas. Entre otras cosas, pregúntate:

- ¿Qué sientes cuando estás jugando?
- ¿Qué sientes cuando ganas?
- ¿Qué sientes cuando pierdes?
- ¿Qué diferencia percibes entre jugar a un videojuego y hacer otras actividades, como practicar o ver algún deporte?
- ¿Por qué priorizas jugar a la consola antes que otras actividades?
- ¿Qué tiempo de juego considerarías «saludable»? ¿Por qué?
- Cuando tienes la impresión de que no podrás parar aunque quieras, ¿cómo te sientes? Especifícalo.

Reflexionar sobre estas preguntas y sobre tus respuestas te ayuda a aprovechar mejor el tiempo que ahora dedicas a jugar. Te da una idea específica de cuál es tu motivación y te muestra razones por las que eliges lo que eliges (razones que tal vez no hayas sopesado). Además de enseñarnos a gestionar las conductas indeseadas, el intento de mejorar puede aportar otros beneficios. Si uno de esos beneficios es conocernos mejor, no es poco.

16

CÓMO DESARROLLAR LA CREATIVIDAD

Para el siguiente truco...

Una de mis aficiones es la magia. En la adolescencia empecé a hacer trucos de cerca y también en los escenarios. Desde entonces no he parado. Aunque muchas veces me gusta abrir mis seminarios y mis discursos con una ilusión para presentar el tema del que voy a hablar, todavía me gusta más estudiar las técnicas y los «secretos» de la magia. No hay ninguna disciplina que se le parezca.

Con el estudio de matemáticas y física, aprendí un gran arsenal de principios y técnicas que luego aplicaba repetidamente en diversas situaciones. Pero en la magia hay pocos principios que se usen varias veces. En casi cada truco hay que usar un método único. Por ejemplo, la técnica para hacer desaparecer una moneda sirve para eso y poco más. Lo mismo para hacer levitar un objeto, para leer la mente y para cortar a tu ayudante por la mitad. La ciencia científica obliga a usar un método consistente de forma reiterada. La ciencia mágica obliga a usar una sucesión de ideas únicas para un único propósito y, probablemente, para nada más. Para crear un nuevo truco de magia hay que ahondar en nuestras capacidades creativas, porque debemos abrirnos un camino propio, y seguramente pensar como nunca ha pensado nadie.

La gente que diseña trucos de magia originales utiliza el cerebro de formas que... bueno, que no están al alcance de la mayoría de la gente porque exigen demasiada creatividad. La magia requiere una invención constante porque cada truco es un nuevo rompecabezas, un nuevo desafío para el ingenio. De este modo, la invención de trucos también lleva al sistema dopaminérgico a encender todas las calderas: necesita creatividad de verdad.

Cómo ser creativos sin intentarlo

En muchos aspectos, la creatividad es un acto inconsciente, pero hay cosas que podemos hacer deliberada y conscientemente para aumentarla.

¿Habéis oído el viejo dicho: «La vida es lo que pasa mientras estás haciendo otros planes»? Pues, en la misma línea, la creatividad es lo que pasa mientras estás haciendo otras cosas, y la dopamina pretende ante todo ponernos en contacto con otras cosas. Por eso, la gente que necesita la creatividad para su arte o su trabajo suele llevar una libreta consigo. Cuando tienen una idea poco común, la anotan. Quizás sea una idea antigua vista desde otra perspectiva, una combinación que nunca se les había ocurrido, una frase poco habitual, una imagen provocadora, una expresión sorprendente, una palabra que suena extraña... Son cosas que se les aparecen sin buscarlas. Así suele funcionar la creatividad: la mente inconsciente rebusca los estímulos normalmente irrelevantes, sopesando la novedad y la utilidad del contenido original y de las combinaciones prometedoras. El producto final no tiene por qué ser algo plenamente definido. Puede ser algo que nos haga pensar más adelante. Salga lo que salga, nuestras mentes no dejan de trabajar en segundo plano con el pensamiento divergente y convergente, y ofrecen un resultado potencialmente útil tan pronto como surge.

«Exprimirse el coco» genera muchas menos ideas originales que dejar divagar la mente. «Me repugna la idea de no tener el control, pero el método de no planear las cosas abre una puerta nueva. Cuesta mucho, pero da pie a estos momentos mágicos», dice el ilustrador y diseñador gráfico Christoph Niemann.[1] Podéis invocar el ojo disciplinado de Dorothy Parker tanto como queráis. Cuando dejamos volar la imaginación, somos más espontáneos. La gente creativa ansía esos momentos.

Los avances, no solo en el arte sino también en la ingeniería, las matemáticas, la lingüística y la ciencia, se producen cuando las mentes creativas siguen caminos que nadie ha tomado jamás. En general, cuando nos apartamos del sendero más concurrido es cuando dejamos que nuestra mente divague y piense en otras cuestiones. Es irónico, pero ni siquiera estamos intentando ser creativos. Teniendo presente que la creatividad llega de improviso y por vías inesperadas, podemos estar atentos a las ideas útiles para captarlas en un cuaderno, un texto, un correo electrónico u otro soporte. Ser creativos es igual de importante que darnos cuenta de que lo estamos siendo sin ni siquiera intentarlo.

¡Practica!

¿Habéis oído el típico chiste: «¿Cómo se llega al Carnegie Hall? ¡Practicando, practicando y practicando!»?[2] Pues lo cierto es que, en un aspecto fundamental, la creatividad es una habilidad igual que jugar al béisbol o hablar un segundo idioma: cuanto más la haces, mejor se te da.

La creatividad se basa en hacer conexiones. Isaac Newton conectó la aceleración de una manzana al caer del árbol con las órbitas de los planetas alrededor del Sol. Charles Darwin creó la teoría de la evolución conectando sus observaciones sobre la variación genética con las tesis de James Hutton sobre los cambios ocurridos en escalas geológicas. Parece que hacer conexiones en el mundo está relacionado con las conexiones que hacemos en el cerebro. Los investigadores hacen una aproximación de la solidez de esas conexiones neuronales midiendo si la activación de una red cerebral provoca la activación simultánea de la otra. Es como intentar descubrir cuál es el cable de alimentación conectado a tu ordenador: lo zarandeas por el cabo enganchado al portátil y miras qué cable se está moviendo.

Una manera de probar la solidez de esas conexiones neuronales es el test de asociaciones remotas, que mide lo bien que una persona es capaz de conectar palabras sin relación aparente entre sí. En cada pregunta se dan tres palabras unidas por una cuarta palabra, que es la respuesta correcta. Algunos ejemplos son *madre/libro/tropical* y *tonto/lotería/salvavidas.**

Un grupo de neurocientíficos concluyó que la gente que saca buenos resultados en los test de creatividad y muestra talento en los ámbitos creativos tiene conexiones sólidas entre tres redes cerebrales.[3] Ya conocemos dos de las tres regiones: las vías dopaminérgicas del deseo y del control. La tercera región se llama «red neuronal por defecto» y se activa cuando soñamos despiertos. Es probable que estas tres redes promuevan la creatividad de la forma siguiente. Primero, la red neuronal por defecto produce divagaciones. Su sólida conexión con el circuito del deseo produce toda la dopamina de la novedad que está detectando, y eso también se vuelve parte de la divagación. Entonces, la vía del control evalúa las ideas resultantes y escoge las que pueden ser útiles. Los científicos estaban en lo cierto: las conexiones sólidas refuerzan la creatividad. La activación reiterada de los circuitos cerebrales refuerza las conexiones entre ellos. Según la descripción del psicólogo Donald Hebb, «las células que se activan juntas se interconectan». Por eso, cuando practicas una cosa se vuelve más fácil, incluida la creatividad. Cuando otro grupo de científicos probó esta idea con sujetos creativos, comprobaron que era verdad. Aprovechando que unos pianistas profesionales improvisaban melodías de *jazz*, los investigadores co-

* Las soluciones son «selva» y «bote». *(N. del a.)*

rroboraron que unas regiones concretas de su corteza cerebral se encendían. Al medir el nivel de conectividad entre esas regiones, vieron que esa conectividad estaba directamente relacionada con el tiempo que el pianista había dedicado a practicar la improvisación.

A menudo, las ideas creativas parecen surgir de la nada, pero hay un origen. Vienen de regiones cerebrales a las que no podemos acceder de manera directa. Aun así, son regiones utilizables. Aunque muchas veces no encontramos una solución creativa al problema difícil que tenemos entre manos, podemos hacer que su aparición sea más probable. Lo único que tenemos que hacer es practicar. Si reforzamos las conexiones neuronales asociadas con la creatividad, es probable que nuestro esfuerzo merezca la pena.

Si quieres desarrollar tu capacidad creativa, empieza haciendo algo creativo con frecuencia: dibujar, escribir cuentos, resolver problemas de un libro de matemáticas, hacer juegos de letras, etcétera. Estableciendo conexiones cerebrales, desarrollarás tu habilidad creativa. Volviendo al chiste de antes, si quieres progresar, tienes que practicar, practicar y practicar.

Redecora y renueva

Otra manera de desarrollar la capacidad creativa es rodearte de inspiración.

Personaliza tu despacho, estudio o espacio de trabajo. Cuelga cosas que te reconforten y, al mismo tiempo, que te hagan pensar. Yo lo he hecho en mi despacho. Las paredes de este antiguo garaje monoplaza están repletas de cuadros, desde el suelo hasta el techo. En algunos sitios, los cuadros están tan pegados que ni siquiera se ve la pared. Tengo unos doscientos objetos colgados, desde autógrafos y antiguos alfileres de propaganda política hasta enormes carteles de película. Una de mis posesiones más preciadas es un cartel original de la película *Cowboy de medianoche*, con la calificación xxx en la esquina inferior izquierda. También tengo autógrafos de Bob Dylan, Don Knotts, Robert De Niro y Vince Gilligan, y una foto que me saqué delante del teatro Belasco de Broadway con Bryan Cranston. Cranston interpretaba a Walter White en *Breaking Bad*, una serie cuyo debate moral siempre me hace pensar. En todo caso, cuando estoy en mi despacho, mire a donde mire siempre tengo un recuerdo feliz y una pequeña provocación creativa, además de una ráfaga de inspiración de mis héroes creativos. Ellos persiguieron sus sueños, así que yo también puedo. Todd Lubart, profesor universitario de Psicología en París, dijo que todos sacamos la inspiración del mundo que nos rodea, pero «algunas personas utilizan combustible *premium*».[4]

Prueba con cosas que crees que no importan. La gente creativa no es quisquillosa. Se sienten atraídas por aquello que los demás ignoran, incluso cuando no parece relevante para lo que están haciendo. Yo les aconsejo a mis alumnos: «Si quieres ser mejor escritor, aprende nociones de un nuevo idioma. Lee un artículo sobre algo nuevo. Pasa toda una tarde en el museo viendo arte». Como parte de tu compromiso con el pensamiento divergente, ve rellenando constantemente tu colección de posibles fuentes de creatividad. Busca en lo que has pasado por alto. Abre la mente.

Empápate de arte. Un estudio hecho en Corea del Sur descubrió que los voluntarios a los que se pedía acometer una tarea creativa (diseñar un teclado de ordenador, bautizar una marca de pasta o encontrar nuevos métodos de reciclaje) tenían más ideas e ideas más originales —es decir, menos obvias— si habían visto arte antes de hacer el ejercicio.[5] Algo tienen las cosas bonitas...

Sal a la naturaleza. Aunque las ciudades nos ofrecen elementos arquitectónicos creativos, arte urbano, publicidad dinámica y experiencias disonantes para nuestros sentidos, los hábitats naturales desarrollan todavía más nuestra creatividad.[6] Es posible que la naturaleza restaure nuestra capacidad para prestar atención.[7] Este hecho es importante porque incurrir en el pensamiento divergente es extenuante. Al cabo de un rato nos quedamos sin energía. La naturaleza cansa menos, y eso que la diversidad que encontramos allí sigue siendo una fuente de nuevo material.

Cuando algo capta nuestro interés, ya no necesitamos esforzarnos para prestarle atención. Ese momento se llama «fascinación», y es el motivo por el que los niños con TDAH pueden pasarse horas sin apartar la mirada de un videojuego, pero se distraen cuando llevan unos minutos haciendo los deberes. Todos los fenómenos naturales revisten un interés inherente para los seres humanos, aunque la naturaleza no monopoliza nuestra atención. Podemos llamarla fascinación «blanda», dado que permite la reflexión y la restauración. Durante la fascinación «dura» de algo que nos absorbe por completo, no reflexionamos tanto; más bien experimentamos. La naturaleza no nos exige concentración. La estimulación conocida y suave invita bastante a la reflexión, que es el camino a los nuevos puntos de vista y a la creatividad.

No todo el mundo tiene un parque cerca, y no pasa nada. Escucha grabaciones de viento, de lluvia o de sonidos naturales. Parece que incluso las imágenes de espacios naturales[8] ayudan, al igual que las plantas.[9]

Usa los sueños

Aldous Huxley nos recomendó «soñar con pragmatismo», es decir, adaptar nuestros planes más ambiciosos a nuestras posibilidades. Pero la filosofía a la que nos conduce la dopamina no se parece tanto a la de Huxley como a la de George Bernard Shaw, quien dijo que tendríamos que «soñar cosas que nunca han existido —una especialidad de la dopamina— y decir: "¿Por qué no?"».*

Cuando duermes, tu cerebro no funciona igual que cuando estás despierto. Al dormir, caen los niveles de los neurotransmisores del aquí y el ahora y la dopamina se eleva. Esto puede ser útil para quien esté intentando ser

* Estas palabras aparecen en un contexto determinado. Pertenecen a un diálogo de la obra de teatro *Volviendo a Matusalén*, de 1921, en la que Shaw narra una historia desde la creación bíblica hasta el año 31920 d. C. Esta frase se la dice Satanás a Eva en el Jardín del Edén. Pertenece a la primera noche de la obra, que consta de 300 páginas y se tiene que representar a lo largo de tres noches. Teniendo todo eso en cuenta, tal vez deberíamos pensar que nos está advirtiendo, y no alentando. *(N. del a.)*

más creativo. Si bien es cierto que durante el sueño no suspendemos del todo nuestros sentidos, su importancia para el procesamiento mental cae por debajo de la dopamina, que ahora puede hacer conexiones ininterrumpidas entre lo que ya estás pensando o lo que se esconde en tus recuerdos.

Para la mayoría de nosotros, esta experiencia dopaminérgica desenfrenada es lo más cerca que estaremos jamás de experimentar algo parecido a la enfermedad mental. Lo sabemos porque, cuando comparamos los sueños de la gente cuerda con las historias que dicen estar viviendo los pacientes con graves enfermedades mentales, no hay ninguna diferencia. No debería sorprendernos: muchas vías de la creatividad sana también se activan durante las experiencias esquizofrénicas. El arte, en especial la música, está repleto de frutos de circuitos dopaminérgicos sobrestimulados, tanto si es por culpa de una enfermedad mental, de las drogas o de ambas cosas. Aunque las drogas son peligrosas y los trastornos mentales causan dolor, algunos productos creativos que han suscitado son bonitos, increíbles y conmovedores. No obstante, no hace falta que tomes estupefacientes ni que sufras una enfermedad mental para estimular tu creatividad. Los sueños inspiran a cualquiera.*

* Algunos trastornos mentales van acompañados de una gran creatividad, pero no son dolencias que podamos permitirnos dejar sin tratar ni circunstancias a las que aspirar. El sufrimiento profundo que provoca la enfermedad mental no facilita la creatividad, sino que la dificulta. Hay tratamientos. Si necesitas ayuda, pídela. Te sentirás mejor y mereces sentirte mejor. Al otro lado te espera el arte que eres capaz de hacer y que mejorará si estás en plenas facultades. *(N. del a.)*

Los sueños se suceden a lo largo de la noche. Su primera fase acostumbra a empezar unos noventa minutos después de conciliar el sueño. En general, los sueños destacan por el material extraño e irracional del que están hechos. Sin embargo, este no es el único momento de la noche en el que nuestras mentes generan ideas extravagantes. También nos sucede cuando estamos transitando entre la vigilia y el sueño. A veces, cuando se apaga la consciencia es cuando tenemos nuestras mejores ideas. Es lo que llamamos «hipnagogia».

Al perder la consciencia, nuestros pensamientos suelen confundirse. La realidad se retuerce y se hilvana con nuestra imaginación. La mente viaja de una idea a otra con mayor fluidez, a menudo siguiendo caminos irracionales. Si antes de acostarnos hemos estado haciendo una actividad específica, es posible que nos durmamos pensando en ella. Esta circunstancia se ha denominado «efecto Tetris» porque, muchas veces, la gente que juega a este videojuego durante largos períodos de tiempo acaba pensando compulsivamente en la posibilidad de rotar formas del mundo real para hacerlas encajar.

Si hemos estado dándole muchas vueltas a un problema antes de acostarnos, el estado hipnagógico puede producir pensamientos divergentes para intentar resolver la cuestión. Sin embargo, lo normal es que pasemos de la vigilia al sueño sin darnos cuenta. La excepción es cuando nos despertamos en pleno tránsito. Al inventor estadounidense Thomas Edison (que logró más de mil patentes), este estado le parecía tan útil que dio con una estrategia inteligente para asegurarse de conservar las ideas que generaba. Edison se sentaba en un cómodo sillón y cerraba los ojos para intentar dormir, sosteniendo en su mano una pesada bola de metal. En la hipnagogia, los músculos se relajan, así que cuando el inventor llegaba a ese estado, la bola caía al suelo y el fuerte ruido lo despertaba. De esta forma, podía anotar todas las ideas creativas que se le hubieran ocurrido durante el estado hipnagógico. El pintor surrealista Salvador Dalí hacía algo parecido con una pesada llave. No es difícil suponer que ese estado dopaminérgico pueda ostentar un gran valor para un surrealista.

Los científicos probaron esta estrategia en un laboratorio planteando problemas matemáticos a voluntarios.[10] Todos se podían resolver con un método claro pero laborioso, aunque también había una solución fácil y escurridiza. Cuando los voluntarios llevaban un rato trabajando en los problemas, la mitad se echaron la siesta. Los científicos midieron su actividad cerebral para poder despertarlos durante el estado hipnagógico y, cuando lo hicieron, los sujetos dijeron haber tenido visiones extrañas vagamente relacionadas con el estudio. Según ellos, habían soñado con «una coreografía de números y figuras geométricas, con el Coliseo romano y con un caballo en una habitación de hospital».

De los voluntarios que se echaron la siesta, un 83 por ciento encontró la respuesta oculta al problema matemático, por solo un 30 por ciento de los que siguieron despiertos. El efecto desaparecía si se permitía al voluntario penetrar en una fase más profunda del sueño. «Nuestros hallazgos sugieren que hay una franja ideal para la creatividad al inicio del sueño. Es una ventana temporal pequeña que desaparece si nos despertamos demasiado pronto o si nos dormimos en exceso», comentó uno de los investigadores.

Los que se echaban la siesta no encontraban la solución de inmediato. Normalmente se les ocurría cuando ya habían vuelto a trabajar y habían dedicado una cantidad considerable de tiempo a vérselas con los problemas. La suerte sonríe a los preparados, ¿no? El sistema dopaminérgico del deseo no responde cuando se lo ordenamos, pero este estudio indica que hay formas de trabajar con él para que sea nuestro aliado.

Cuando te despiertas de un sueño y recuperas la consciencia, la dopamina es la fuerza más potente del cerebro. En esos instantes, estás pensando con fluidez, estás saltando de un tema a otro y la lógica te da igual. Puede ser el momento más creativo del día. La clave está en apresar el recuerdo de esos sueños antes de que se diluyan. Para sacar provecho de esta creatividad, prepárate con antelación para usar los momentos en los que te acabes de despertar. En el libro anterior *Dopamina*, describimos esa fase como la «fisura entre los dos mundos».

Justo antes de acostarte, piensa mucho en un problema que te interese. El cerebro sigue barajando los problemas mientras dormimos. Si procuramos que un problema sea lo último en lo que pensamos antes de perder la consciencia, estamos «asignando» esa tarea al inconsciente, que es una fuente muy útil de originalidad y nuevas ideas. ¿Alguna vez has encontrado la respuesta a algo de sopetón? Fue gracias al pensamiento inconsciente. «Consultarlo con la almohada» es una manera de explotar este poder.

Guarda un cuaderno en la mesita de noche. Cuando te despiertes, anota lo que estás pensando.

Escríbelo inmediatamente. No digas: «Ya me acordaré». Seguro que te olvidas. En los momentos en que tu cerebro no está plenamente consciente, tu memoria tampoco lo está.

No le atribuyas un valor. Trátalo como lo que es: una contribución del pensamiento divergente.

No intentes encontrarle el sentido de inmediato. Probablemente sea simbólico y metafórico. Ya lo analizarás más tarde.

Decide abrirte a lo improbable. Que la dopamina haga lo que mejor se le da.

No esperes a que alguien te dé luz verde

En primaria aprendemos que dos y dos son cuatro. Y el resultado será siempre cuatro, todos los días. Por mucho que jures que da cinco, no cambiará nada. Pero, por desgracia, los hechos no importan en cualquier situación. El humorista John Mulaney dice, no del todo en broma, que la universidad consiste mayormente en compartir «tu opinión». Según Mulaney, en una clase de literatura puedes alzar la mano y decir: «Yo creo que Emily Dickinson era lesbiana», y los profesores te dirán: «¡Positivo por hacer una contribución interesante!».[11]

A la hora de predecir la creatividad, los investigadores se basan mucho en el mérito de las contribuciones interesantes. El motivo es que en algunas áreas del conocimiento hay pocos hechos que recabar o, al menos, pocos hechos útiles. Como sabemos más de los ingredientes de la creatividad que de su proceso, los test para medir el potencial creativo suelen ser inventarios de cualidades meramente subjetivas, o incluso sesgadas. Eso tiene sus limitaciones. Decir que una «persona carece de algunas características, por lo que es menos probable que sea creativo» es como decir que «un coche no tiene motor de gasolina, por lo que seguramente no va a arrancar». Entonces, ¿cómo funciona un Tesla? Marcar casillas para extraer conclusiones es un método insuficiente para determinar el potencial creativo.

Vamos a valorar uno de los test de creatividad más aceptados: el test de Torrance de pensamiento creativo (TTCT, por sus siglas en inglés). Su único interés es el pensamiento divergente. La fase de razonamiento, o pensamiento convergente, brilla por su ausencia y, a pesar de eso, el TTCT es una de las pruebas de este tipo mejor valoradas y más utilizadas. Mide cinco habilidades:[12]

- Fluidez: la cantidad de ideas relevantes generadas.
- Originalidad: la capacidad de crear ideas originales y estadísticamente escasas.
- Elaboración: el desarrollo de otras ideas relacionadas con el tema.
- Abstracción de títulos: la creación de ideas abstractas para plasmar la esencia de una categoría.
- Resistencia al cierre prematuro: el procesamiento de ideas nuevas de forma sostenida.

Si hicieras el test y sacaras un mal resultado en uno o más de estos ítems, ¿dejarías de intentar ser creativo? Al fin y al cabo, es un test creado por expertos. ¿No deberían saber de lo que hablan? Pues antes de decidir que no eres creativo, piensa que las versiones previas del test solo medían cuatro de estas habilidades. Igual en esas versiones se te habría clasificado como «creativo» y te habrías sentido la mar de bien. Qué pena que hayas hecho la nueva versión, ¿no?

También puedes hacer otros test. Hay un montón: las 34 preguntas de sí o no del inventario biográfico de comportamientos creativos; el inventario de producción creativa y sus categorías (generación, reformulación, originalidad, relevancia, hedonismo,* complejidad y condensación), y la escala semántica de producción creativa (con sus tres ejes: novedad, resolución y el ecléctico e improvisado elaboración/síntesis). Ah, y no te olvides de llevar un lápiz de más, porque los pedagogos y psicólogos también suelen valorar la creatividad con un test de inteligencia: el Stanford-Binet.

No te confundas, estos test son herramientas de investigación válidas. Miden lo que dicen que miden y lo hacen de manera exacta. Sirven para algunas cosas. El problema es relacionarlos con la palabra *creatividad*. Esa es una destreza demasiado amplia y multidimensional y, de momento, nuestra imaginación no nos alcanza para poder diseccionar la creatividad «numéricamente». En muchos aspectos, el cerebro sigue siendo un misterio y

* Os voy a ahorrar la molestia de buscarlo: el hedonismo es un debate ético sobre la relación entre el deber y el placer. También es la rama de la psicología que estudia las sensaciones agradables o desagradables. *(N. del a.)*

la creatividad es un proceso especialmente complicado de cuantificar.

Lo bonito de la creatividad es que se presta a una infinidad de apariencias y definiciones. Eso es positivo para los que la aprecian, pero para cualquiera que desee medirla, es un escollo.

Lo que quiero decir es que tienes que empezar a ser creativo desde ya. No esperes a que un test (o, peor aún, un «experto») prediga si vas a serlo. Todos tenemos la capacidad de ser creativos. Solo hace falta ejercitarla y cultivarla.

Como profesor de universidad, conozco a mucha gente convencida de que, con la aprobación oficial de una institución, podrán empezar a hacer lo que realmente quieren hacer. Si eres ingeniero eléctrico, vale, pero eso no se cumple cuando aspiras a ser pintor, músico, escritor, humorista, filósofo o paisajista. Me entristece conocer a gente que necesita validación externa antes de probar suerte en la vida creativa con la que sueñan. Por cada gran cantante que aflora tras años de formación clásica, hay decenas que aprenden por su cuenta, pasándolo bien. Por cada novelista que pasa un par de semestres en el Iowa Writers' Workshop, hay cientos que se lanzan a escribir una novela en vez de solo leerla, abren un documento en Word y empiezan a llenar las páginas. La formación es importante, pero no es necesaria. La creatividad se esconde en tu interior.

Si deseas ser creativo, ya crees que va a ser divertido. Ese es motivo suficiente para empezar. Si crees que esa labor no está hecha para ti, ten por seguro que un certificado no va a cambiar cómo te sientes. Yo, por ejemplo, toco la guitarra porque me gusta, no porque se me dé bien. La creatividad es un placer, independientemente del talento innato. La aptitud no importa; solo importa el deseo.

Cómo generar un estado mental creativo

Ya conocéis la cita: cualquier tecnología suficientemente avanzada es indistinguible de la magia.[13] Lo mismo para la capacidad creativa. La creatividad es el producto de los circuitos dopaminérgicos del cerebro, que en gran medida son invisibles e inescrutables. La inspiración llega espontáneamente y sin avisar, como si el universo te bendijera con la respuesta. Incluso sabiendo lo que sucede en términos neurológicos, seguimos teniendo la sensación de haber vivido un milagro. La buena noticia es que sabemos lo suficiente sobre la creatividad para hacer más plausibles los milagros.

Todo pasa por promover un estado mental que favorezca el proceso. Debemos usar nuestra consciencia para hacer saber al inconsciente qué queremos que tenga la respuesta que buscamos: lo que nos gusta y lo que no, nuestros límites, sensibilidades, habilidades, objetivos a largo plazo, deseos a corto plazo y lo que estamos dispuestos a terminar aceptando. A partir de ahí, y liderado por la dopamina, el proceso creativo comienza a especular sobre el futuro usando todos esos componentes del aquí y el ahora. Resumiendo, nuestra capacidad para imaginar de forma creativa el futuro depende de nuestra capacidad para interactuar con el presente. Extraemos lo posible de la realidad existente y hallamos el orden en el desorden. Así es como la humanidad adquiere lo que le falta: ideas, metodologías y tecnologías nuevas, valiosísimas y, a menudo, revolucionarias.

Serás más creativo si entiendes la fase de recopilación como un acto separado de la fase de análisis, y si mejoras y amplías tu catálogo de otras habilidades. Los métodos y estímulos de este capítulo son cosas que puedes incorporar fácilmente a tu vida. Además, a diferencia de algunas técnicas para abordar otros problemas dopaminérgicos, los trucos para desarrollar la creatividad son casi todos fáciles y divertidos. ¿Qué es lo más efectivo que puedes hacer para ser más creativo? Aplica nuevos puntos de vista a todo lo que hagas:

No te guardes nada. Louis Pasteur, que descubrió las bases de la vacunación, tiene una frase muy famosa: «La suerte siempre favorece a la mente preparada». Las ideas originales no surgen de la nada. Hay que afrontar la vida con entusiasmo y llenar la mente de hechos y conocimientos. Otros lo han llamado «la suerte de los diligentes».[14] Cuando tengas que aprender algo nuevo, no lo dejes a medias. Apréndelo del todo. Y, cuando estés trabajando en algo, no te conformes con hacer lo mínimo. No te guardes nada.

Céntrate en lo diferente, extravagante o insólito. Nuestro sentido de la relevancia nos disuade de considerar cosas que parecen poco útiles, pero podemos sobreponernos a este hábito si nos lo proponemos. Vivir en el aquí y el ahora conlleva valorar en serio las cosas que nos rodean, sobre todo aquellas que normalmente hemos ignorado. Empieza a buscarlas. Basta de ignorar ideas porque se salen de lo esperado. Un motivo por el que la suerte favorece a los valientes es que hay que ser valiente, o al menos tener mucha confianza, para barajar ideas vengan de donde vengan.

Busca usos diferentes para objetos cotidianos. Así refuerzas las conexiones entre regiones diferentes del cerebro y te vuelves más creativo.

De vez en cuando, haz varias cosas a la vez. Como ya hemos visto, cambiar de una tarea a otra te arranca de golpe de tu fijación funcional. Planificar el cambio es más efectivo que cambiar cuando quieres. Hacer varias cosas a la vez es poco eficiente, pero te arranca de tu esquema mental habitual y te abre a nuevos hábitos y, ¿por qué no?, a respuestas originales y creativas.

Cambia de hemisferio. Los artistas ganan en creatividad desarrollando su capacidad de razonamiento cuantitativo; las personas racionales ganan en creatividad aplicando la lógica a cuestiones que parecen subjetivas. En el caos suele haber un orden exquisito, igual que hay una belleza intrincada dentro del orden.

Deja divagar a tu mente por momentos. Cuando tu mente no está prestando atención a nada, es como dormir despierto. En momentos así, la dopamina tiene más fuerza y el abrumador aquí y ahora se desvanece. Es entonces cuando las ideas creativas tienen más posibilidades de aparecer. Haz cualquier cosa fútil, o alguna obligación en la que no tengas que pensar, como borrar tu bandeja de entrada u ordenar un cajón. Cuanto más hagas esto, más podrá indagar tu lado creativo en la última aportación que hayas hecho desde el aquí y el ahora.

La creatividad surge de una vida interior rica. La única persona capaz de construir tu mente de esta forma eres tú.

PARTE FINAL

NO NOS BASTA CON MÁS; NECESITAMOS MÁS

En conclusión

BUSCANDO UNA FORMA DE VIVIR

Este *crescendo* emocional de querer algo y la decepción al conseguirlo definen nuestra vida. Los sentimientos aparentemente inseparables de anticipación y vacuidad definen la experiencia perpetua —y siempre frustrante— de la búsqueda dopaminérgica.

La victoria es efímera. El resultado nunca está a la altura de las expectativas. De ahí que, para cada una de nuestras prioridades —la sentimental, la laboral, la material, los placeres inmediatos y los hitos a largo plazo—, busquemos maneras de mitigar la anticipación y la decepción. He aquí el propósito de este libro. Necesitamos formas más felices y constructivas de afrontar la vida.

Pero hay un problema mayor. El ciclo dopaminérgico dura varios segundos, minutos, días o semanas, pero refleja la experiencia general de una vida en sí misma. Cuando llevamos años a nuestras espaldas, deambulando y acumulando logros, empezamos a preguntarnos para qué sirve todo esto. *¿Por qué estamos aquí? ¿Hay algo más?*

Debería haber una respuesta mejor que improvisar una serie de comodidades, distraernos con cuatro cosas o fingir que saber cómo funciona el cerebro es lo mismo que aliviar nuestra angustia ante el vacío existencial.

¿Hay alguna verdad vitalista que explique lo que hacemos en este planeta? Seamos honestos, ¿para qué sirve ese futuro que tanta ilusión nos hace? ¿Cuál es nuestro propósito?

¿Y si respondemos a eso?

EL SONIDO DE UN DIAPASÓN QUE GOLPEA CONTRA UNA ESTRELLA

Una esperanza maravillosa e insaciable

Su corazón latía cada vez más deprisa mientras la cara blanca de Daisy se acercaba a la suya. Sabía que, cuando besara a aquella chica y uniera para siempre sus visiones inexpresables a su aliento perecedero, su mente no volvería jamás a volar como la mente de Dios. Así que esperó, y oyó unos segundos más el diapasón que acababa de golpear contra una estrella. Luego la besó.

F. Scott Fitzgerald, *El gran Gatsby*

Fitzgerald sabía lo que pasa cuando las «visiones inexpresables» sucumben a un «aliento perecedero». Vamos, si escribió un libro entero sobre eso. Te asomas al precipicio con tus sueños en la mano y los arriesgas por la promesa de una realidad perfecta, sabiendo que hasta que no se complete la transacción no entenderás del todo la futilidad de la vida. Gatsby siguió adelante de todos modos, aunque se detuvo a saborear la anticipación una última vez, «y oyó unos segundos más el diapasón que acababa de golpear contra una estrella».

Lo que es real y tienes bajo el brazo no se puede comparar con lo que imaginas. Has vuelto a caer en la trampa.

Dicen que la esperanza es lo último que se pierde. No nos cuesta esfuerzo cargar con ella, y eso nos ayuda a avanzar. La esperanza nos atrae hacia lo que queremos, nos puede llevar justo hasta eso, pero no puede culminar con la consecución del objetivo, porque en la esperanza no hay complacencia. La esperanza te anima a llegar hasta allí, y punto. Nos espolea haciéndonos creer que la perfección existe, que no es como esta realidad corpórea y, por ende, finita y mediocre. La esperanza es la gloria del quizás. La posesión —es decir, la realidad— pone fin a eso. Cuando posees lo que has deseado, tienes que afrontar la diferencia entre lo que es realmente y lo que podría ser. Si tu mente vuelve a volar como la mente de Dios, vas a tener que cmpezar otra vez, quizás con el mismo deseo que la última vez, pero quizás con otro.

Y así lo harás.

Estamos hechos para mirar adelante; nuestras mentes son cautivas de nuestra biología. Nos pierde la perfección centelleante de una estrella demasiado lejana para alcanzarla con los dedos. Y corremos hacia ella, y eso es lo que nos mantiene en la carrera. Otra Daisy inspirará visiones gloriosas e inexpresables, hasta que llegue, y degustaremos su pálido rostro cuando se alce hacia el nuestro, y pensaremos en el precio de ese beso... pero no lo disfrutaremos, ciertamente, porque albergamos la ridícula esperanza (*esperanza*) de que esta vez la realidad esté a la altura de las expectativas. Cavilaremos la posibilidad, y eso será suficiente para convencernos una vez más de intercambiar nuestras visiones inexpresables por su aliento perecedero. Sin embargo, la transacción no cumplirá ninguna de nuestras expectativas. Habremos vuelto a caer en la trampa. No hacen falta muchos varapalos de este tipo para volvernos cínicos respecto a la idea de que todo esto pueda tener sentido.

Pero yo digo que hay una manera de sentirnos realizados. Encontrar el sentido a nuestras pugnas diarias —y al pulso entre la atracción de la esperanza y los estacazos de la realidad— no es complicado, pero requiere autodisciplina. Para ello, primero tenemos que identificar las virtudes que significan algo para nosotros, que consideramos mayores que nuestros propios deseos. Entonces, y esa es la parte difícil, a lo largo de nuestra vida debemos elegir acciones y respuestas que concuerden con esos propósitos generales. Si hacemos esto, vamos a encontrarles el sentido a nuestras luchas y, por ende, a nuestras vidas. Lo repito: podemos usar nuestras elecciones no para dar rienda suelta a nuestra avidez, sino para acumular más de algo mejor, un punto en el horizonte que nos importe a nosotros y a la humanidad en general. De esta forma, encontraremos la felicidad en lo que ahora rechazamos como un ciclo execrable, un yin y yang cíclico que solo nos satisface durante el tiempo que tardamos en descubrir que no es satisfactorio. «Yo estaba dentro y fuera, a la vez encantado y repelido por la inagotable variedad de la vida», dice el narrador de *El gran Gatsby*, Nick Carraway. Pero cuando encontramos un propósito ulterior, un propósito que elegimos, damos sentido a cosas que no lo tienen. Ese es el camino.

Barcas contracorriente

No hay retrato más conmovedor, poético y deprimente de la ambición entendida como un trampolín a la vacuidad que *El gran Gatsby* de F. Scott Fitzgerald. Nacido en el seno de una familia de clase media, Fitzgerald escaló en la pirámide social principalmente cortejando a Ginevra King (una mujer de Chicago que heredó una gran fortuna y que seguramente le sirvió de modelo para el personaje de Daisy Buchanan) y, *a posteriori*, casándose con Zelda Sayre, una rica aristócrata sureña que acababa de presentarse en sociedad y a la que Fitzgerald conoció mientras estaba en el Ejército. Durante más de una década, Fitzgerald vivió por todo lo alto, gozando de su reputación literaria y viviendo a caballo entre Estados Unidos y Europa, sudando la gota gorda para ganarse el pan con sus escritos. Un día vivía a cuerpo de rey y al siguiente estaba pasando hambre, siempre a la espera de que le llegara el siguiente gran cheque. Terminó *El gran Gatsby* en octubre de 1924, mientras dilapidaba hasta el último centavo en la Costa Azul. (Su vida era un chollo: la casa de campo en la que se hospedaba costaba 79 dólares al mes, unos 1.300 dólares actuales.) Cuando Fitzgerald se marchó, apenas le quedaba dinero en el banco, aunque también es cierto que había llegado sin un centavo. Uno de sus siguientes escritos fue un artículo para *The*

Saturday Evening Post titulado «Cómo vivir con casi nada durante un año».

La incertidumbre económica constante debió de deprimirlo y motivarlo al mismo tiempo. Él sabía cómo funcionaba el mundillo literario. Si a la gente le gustaba su estilo, las recompensas económicas y el reconocimiento cultural estaban garantizados. Pero él no paraba. Nunca se detuvo a disfrutar de los logros de su esfuerzo ni a reflexionar y corregir su rumbo después de una victoria. En su famosa novela, Fitzgerald usaba la luz verde al otro lado del embarcadero de Daisy como símbolo de una promesa y una mentira. Esa luz nos atrae hacia lo que deseamos con todo nuestro corazón, una cosa que podemos perseguir sin ni siquiera saber lo que es o lo que haremos con ello cuando lo consigamos. Apela a nuestra esperanza de alcanzar la felicidad completa, aunque según Fitzgerald no existe tal cosa. Así lo expresa Nick Carraway al final del libro:

> Gatsby creía en la luz verde, el futuro orgiástico que año tras año retrocede ante nosotros. Se nos escapa ahora, pero no importa, mañana correremos más, alargaremos más los brazos y llegarán más lejos... Y una buena mañana...
>
> Así seguimos, golpeándonos, barcas contracorriente, devueltos sin cesar al pasado.

Por delicioso que sea este famoso pasaje, no es más que nihilismo adornado; un moratón falso, una «bella guerra», como escribió Jeff Tweedy en su canción «She's a Jar». Como modo de vida, no hay nada más perezoso. O bien haces un tremendo esfuerzo para encontrar el sentido, o bien posas con el dolor. Fitzgerald confundía la impotencia con la nobleza. ¿Nunca miró a su alrededor mientras escalaba socialmente? ¿Nunca barajó la posibilidad de que una vida de victorias y derrotas pudiera significar algo?

El fruto de nuestros triunfos y reveses periódicos es la insatisfacción. Y bien, ¿qué esperabas? Tildar la experiencia humana de fallo sistémico es malinterpretar por completo la vida, aunque sea conveniente para expresar líricamente lo obvio. Cuando conseguimos lo que queremos, no abandonamos una vida y empezamos otra. Si nos hacemos con el premio que queríamos, nos hartamos de él enseguida. La mañana del día de Navidad, el niño se desvive por contarte qué juguete le han regalado. Por la tarde, te pide qué más le han traído. Lo que necesitamos es un propósito unificador detrás de todo.

Y el truco es este: buscar sentido en nuestros logros cotidianos hace que nuestro viaje sea más feliz. Y si esos logros conforman un propósito mayor, nunca nos sentiremos vacíos al conseguirlos. Merecemos sentir placer por hacer bien las cosas que hacemos, por aprender, por ser valientes y perseverar, por mejorar equivocándonos; porque hacemos esas cosas por motivos que no son solo nuestra comodidad. Así, cada pequeño proyecto que contribuye a ese plan superior también adquiere valor. Y gracias a Dios que es así, porque esos proyectos consumen gran parte de nuestro tiempo. Necesitamos un modo no solo de pasar el tiempo, sino de disfrutarlo. Necesitamos perseguir un fin mejor, más ambicioso y duradero. No hay más.

La felicidad es disfrutar de la actividad presente. Sentirse realizado es tener un propósito en la vida. La felicidad es gozar del aquí y el ahora. Sentirse realizado es alegrarse de que no todo sean placeres del aquí y el ahora; no solo es pensar, sino confiar —e incluso saber— que estamos creando algo de valor que perdurará. Normalmente, creemos estar ante un dilema: o eres feliz ahora y luego te llevas un chasco, o sufres ahora y luego te sientes realizado. En el plano biológico, desde el cual iniciamos esta aventura muchas páginas atrás, parece que ser felices y sentirse realizados son objetivos rivales. Y lo son. Pero no tiene por qué. Hay un modo de vivir que es más rico de lo que nos parece posible. Lo encontramos cuando organizamos nuestras elecciones de tal forma que compaginamos el ser felices con el sentirnos realizados. Compaginar esas dos cosas es mejor.

Y también hay otra clave, una clave atrevida: es imposible ser feliz de manera sistemática sin sentirse realizado. Ambas sensaciones son más intensas cuando la otra también está presente.

Una lección que aprendí de mi padre

Vivir con un propósito nos prepara para convivir mejor con el dolor.

Durante toda su vida adulta, mi padre fue predicador rural. Si seducía desde el púlpito, era gracias a una mezcla de carisma innato y de oratoria poética. Sus feligreses lo adoraban. Pero en plena carrera, tuvo una crisis de fe y dejó los hábitos. Durante cinco años fue conductor para un servicio privado de ambulancias. Antes de los móviles o los buscas, todas las llamadas eran por línea fija y, cuando llamaban a mi padre, sonaba un teléfono en la oficina y otro en nuestra casa. Había que estar atento en todo momento a cuando sonara. Si mi padre estaba en casa, no podía alejarse mucho para poder oír el teléfono. Nuestra libertad de movimientos quedaba bastante coartada: apenas nos alejábamos del jardín trasero. Aun así, yo creo que a mi padre no le importaba tanto. Él quería alejarse del mundo.

La línea era un servicio auxiliar de una funeraria, una práctica habitual en esa época. La misma ambulancia era uno de los dos coches funerarios de la empresa. Para convertir el vehículo en una ambulancia, mi padre enganchaba una luz roja parpadeante al techo. Cuando yo tenía unos ocho años, recuerdo que le hice a mi padre una pregunta morbosa sobre su trabajo: ya que la funeraria ganaba dinero con los funerales, ¿realmente los clientes estaban dispuestos a confiarle la labor de llevarlos al hospital a tiempo? Mi padre me dijo que, aunque hay gente que prioriza los beneficios a la vida, una persona decente nunca lo haría. Depende de nosotros hacer lo correcto. Cuando nadie más está mirando, los únicos responsables somos nosotros.

Esa fue una de las primeras verdades «de adulto» que entendí. En ese momento no podría haberlo expresado con palabras, pero estaba entendiendo que una vida digna no puede ser simplemente una serie de transacciones en búsqueda de la felicidad momentánea.

El arco del universo depende de ti

La esencia de las cosas no tiene ni moral ni sentido.

Al contrario de lo que dijo Martin Luther King, el arco del universo no se curva hacia la justicia. Se curva hacia la comodidad personal y el caos. La moralidad, el orden y la bondad solo surgen por un motivo: porque decidimos hacer cosas buenas por los demás, a veces con gran sacrificio personal. Hacemos esas cosas en contra de la perezosa entropía que caracteriza la vida humana. De esa forma, estrechamos nuestro lazo con la comunidad y la humanidad; o, como mi padre habría dicho desde el púlpito, revestimos nuestros actos de una cierta virtud. Según me inculcó él, lo más sabio que podemos buscar en la vida es esto, un rasgo del propio Dios.

Si os preguntáis qué tiene que ver esto con el problema que abordamos en este libro, os doy alguna pista. Cuando hacemos lo que mejor se nos da y más nos gusta en busca de las virtudes que más apreciamos, normalmente hallamos el placer momentáneo y duradero. Esa es la clase de felicidad que necesitamos, tanto la aristotélica como la moderna. Es la única felicidad sostenible en la vida. La búsqueda de sentido nos da la fuerza para perseverar, para entregarnos y, en última instancia, para afrontar el final de la vida.

La causa de la crisis de fe de mi padre fue perder a un hijo en el parto. Fue un golpe directo al corazón de su propia identidad; un mazazo que destrozó la viga que sostenía el significado de su vida. No estoy seguro, pero esto es lo que creo que sucedió a continuación. Mi padre tuvo que conducir esa solitaria ambulancia durante cinco años para entender que la tristeza es una parte tan indistinguible de la existencia que no podemos vivir el tiempo suficiente para inmunizarnos contra el dolor. Él lo sabía porque lo intentó. Estuvo media década codeándose con la cara más desgarradora del mundo rural en el que vivíamos, auxiliando a toda prisa a víctimas de accidentes de tráfico, infartos, apuñalamientos y trágicos finales. Incluso trató de negarse el disfrute de su familia atándose a un teléfono. Al final se dio cuenta de que nada de eso mitigaba el dolor de haber perdido a su bebé. Murió antes de que a mí se me ocurriera preguntarle por todo esto, pero creo que ahora sé lo que habría dicho: «Es imposible aliviar mucho el dolor, pero se puede encontrar un lugar para él». El dolor desgarrador es como una bifurcación en el camino: o lo usamos para el bien o nos dejamos consumir por él. No hay medias tintas, y solo existe una salida constructiva: recordar que debemos mirar afuera, no adentro. Mi padre estuvo cinco años andando por el camino incorrecto hasta que volvió al correcto, hasta que regresó al púlpito para pensar menos en sí mismo y más en los demás, como había hecho antes.

El gran teólogo neerlandés Henri Nouwen lo expresó con estas palabras: «Los seres humanos podemos sufrir inmensas privaciones con gran talante, pero cuando tenemos la sensación de que ya no nos queda nada que ofrecerle a nadie, nuestra vida se derrumba enseguida».[1]

Ante los problemas del amor, el sexo, la ambición y todo lo demás, la idea no es trascender e ignorarlos, sino experimentarlos para poder entender que son normales y, luego, usar ese conocimiento de manera productiva. Para sobrevivir, crecer e incluso prosperar con cada desafío y obstáculo, no debemos obsesionarnos con la rama, sino volver continuamente a la raíz, que es el sentido. Si a la larga queremos encontrar la gratificación, por no decir la felicidad, estamos obligados a sopesar el sentido completo de la vida, a encontrar un modo de articularlo para poder expresarlo en voz alta y a aplicarlo en cualquier situación.

Y así llegamos de nuevo al punto de partida, la búsqueda de la dopamina y sus dos objetivos: uno fácil, que es el placer instantáneo, y otro más esquivo, que es la satisfacción a largo plazo. Cuando el sentido forma parte del ciclo, la experiencia emocional se transforma. Si hemos encontrado sentido a nuestra vida, cada victoria en un proyecto dopaminérgico nos da tres cosas. Primero, nos ayuda a dotar de propósito la elección del proyecto que abordaremos a continuación. Segundo, es un paso adelante en nuestro gran propósito vital. Y tercero, como dimos rienda suelta a nuestra pasión dopaminérgica tras haber encontrado un sentido mayor, la victoria nos recuerda que tenemos que valorar los placeres que obtuvimos al hacer eso: la alegría, la estima y la satisfacción. Así, disfrutamos más de la vida y cada momento se vuelve más intenso. Esto me conduce a la lección más reconfortante que puedo compartir con vosotros.

Mi primo, compañero de piso en la universidad y buen amigo, Kent Northcutt, falleció a los treinta y ocho años debido a las complicaciones provocadas por la diabetes. Dejó tras de sí una esposa, tres hijos pequeños, una trayectoria interesante y unos amigos desolados que acudieron en tal cantidad al funeral que muchos se quedaron a las puertas de la gran iglesia sin poder entrar.

Aquel día, el pastor Chris White dijo algo sobre lo que he reflexionado muchas veces. Según él, es posible que no recordemos gran parte del tiempo del que gozamos unos con otros, pero eso da igual, porque «sucedió igualmente». Kent y yo no hacíamos cosas juntos para poder recordarlas. Disfrutábamos de la experiencia de vivir. Disfrútala tú también. Es un tipo de abundancia especialmente variada.

Un método antiguo para encontrarle sentido a nuestra vida

Aristóteles decía que el placer no es un estado mental, sino un subproducto de una actividad. Era un acto, no la mera existencia. Lo experimentamos en su máximo apogeo cuando hacemos algo para lo que servimos. Tiene sentido. Yo no voy a obtener mucho placer de dibujar porque no se me da bien. Pero voy a disfrutar de lo lindo jugando al *backgammon* una tarde entera porque me gusta la estrategia y los desafíos, aunque pierda. Yo sirvo para el *backgammon*, pero ¿qué quiero decir con servir para algo? Pues que tenemos la habilidad para hacer esa actividad o que disfrutamos del esfuerzo necesario para aprenderla. (Aristóteles también conectaba el aprendizaje con el placer.)

Sin embargo, aún falta un elemento: la actividad que elija y a la que me dedique en cuerpo y alma también debería servir para un objetivo más elevado. ¿El *backgammon* podría casar con mi propósito general en la vida? Si me enseña estrategia y pensamiento crítico, podría concordar de manera razonable. Pero vamos a valorar conexiones más obvias. Si yo sirvo para la ingeniería, el tiempo que dedico a ser ingeniero no solo produce un período de felicidad para mí, sino también un resultado útil para otro. Si sirvo para ser fontanero, voy a obtener placer de mi trabajo y a la vez facilitaré la vida de la gente que tiene problemas con las cañerías.

Los resultados de mi «búsqueda de la felicidad»* desembocan en algo más sólido y duradero que la diversión, que en sí misma es un resultado bastante positivo, teniendo en cuenta que el objetivo original solo era pasar el tiempo de forma agradable o rentable. Al hacer algo para lo que servimos, creamos valor para otros. Eso, a su vez, contribuye a la sensación satisfactoria de que nuestra vida tiene sentido, de que deja una huella positiva más allá de nosotros mismos. Y así es como la potente idea aristotélica se aplica al problema de la búsqueda dopaminérgica: solo experimentamos placer y

* La Declaración de Independencia de Estados Unidos establece: «Sostenemos como evidentes en sí mismas estas verdades: que todos los hombres son creados iguales; que son dotados por su Creador de ciertos derechos inalienables; que entre estos están la vida, la libertad y la *búsqueda de la felicidad*» (la cursiva es nuestra). Thomas Jefferson tomó prestada esta frase del filósofo político John Locke, a quien Aristóteles influyó en gran medida y que usaba el término *felicidad* en el sentido aristotélico de la búsqueda de un propósito. Hoy, normalmente, entendemos la «búsqueda de la felicidad» como un mensaje fortuito del pasado que nos recuerda que debemos desmelenarnos. En este libro, yo también he usado la palabra *felicidad* para referirme al placer del momento. Pero Locke y Jefferson estaban aludiendo a la tesis aristotélica de que una vida con sentido, una vida de felicidad, es aquella en la que potenciamos actividades que, con sus correspondientes placeres, nos hacen más virtuosos. *(N. del a.)*

sentido de manera sistemática cuando ambas cosas están entrelazadas.

Así pues, ¿qué hacemos en concreto para hacerlo realidad?

Para vivir con sentido, placer y paz interior —para vivir felices—, debemos, según Aristóteles, encontrar los placeres apropiados para nuestra vida. Pero ¿a qué se refería con «apropiados»? Aristóteles aludía a cualquier actividad placentera que ensalzara nuestras virtudes: atributos de la personalidad o la moralidad que convertimos en nuestra brújula, nuestra referencia, para actuar y reaccionar. Así aprendemos a hacer lo correcto con más ponderación. También tenemos libertad para no tener que responder a cada nuevo estímulo y no tener que pensar en las mismas cuestiones en bucle.

Aristóteles proponía cuatro virtudes cardinales: la prudencia (o sabiduría), elegir hacer lo correcto; la justicia, tratar con imparcialidad a los demás; la templanza, evitar los extremos del hedonismo al buscar el placer; y la fortaleza, hacer lo correcto, aunque nos dé miedo.

Aristóteles decidió que la virtud cardinal que él priorizaría sería la prudencia (o sabiduría). Eso le aportaba placer en el acto de buscar la felicidad, pero también insuflaba sentido al resultado, dado que compartía su sabiduría con otros, con lo que cumplía su propósito general. Como filósofo, la elección de Aristóteles era fácil. Pero el resto todavía tenemos que reflexionar bastante acerca de ello.

¿Tú qué consideras virtuoso? ¿Qué propósitos generales y desinteresados te motivan más? Pocas personas han meditado a fondo sobre eso. Cuando meditamos sobre eso, normalmente es una reacción, no una reflexión deliberada. Lo más habitual es elegir entre las opciones precocinadas que nos ofrecen la familia, los amigos, la cultura y la religión; tomamos prestadas nuestras opiniones, en vez de formárnoslas a partir de la introspección. Pero, para vivir una vida con sentido que signifique algo para nosotros, debemos elegir con cabeza para poder aceptar nuestra elección plena y sinceramente. Al elegir una virtud, necesitamos una respuesta sólida al porqué. Este es el momento en que la religión, la filosofía, la psicología, la política y tu propia experiencia colisionan, y solo tú puedes desenredar el embrollo. ¿Cuáles son los pilares de tu filosofía? ¿Qué virtudes consideras las cardinales para decidir en tu vida?

Al elegir qué virtudes serán tu faro en la vida, adquieres las herramientas para encontrar sentido a más de tus acciones. Aristóteles decía que debíamos empezar con aquello que se nos da bien, a fin de entusiasmarnos y de disfrutar del motivador placer. A partir de ahí, elegimos hacer actividades que concuerden con nuestro propósito general. Siempre tendremos obligaciones que nos apartarán del camino idóneo, pero, si empezamos con actividades que nos dan placer y aprovechamos nuestras destrezas honrando las virtudes que hayamos elegido, nos aseguraremos de sentirnos más realizados en el momento y en nuestra vida en general.

La dopamina nos atrae hacia los placeres inmediatos. Las herramientas de este libro pueden ayudarte a resistirte. Pero solo con estas técnicas no encontrarás una satisfacción sólida para toda la vida. Lo importante es el sentido que lo sostenga todo. Si vives con sentido, podrás experimentar mejor el placer sin preocupaciones y, además, ese placer indicará que estarás haciendo una actividad con un valor que te trasciende. Recuerda que la dopamina promete placer, no sentido. Nosotros, con nuestra capacidad de amar, somos los únicos que podemos atribuir un sentido a este universo indiferente, pero debemos encontrarlo adhiriendo explícitamente nuestra vida a una entidad más grande que nosotros mismos: la prudencia (o sabiduría), la justicia, la templanza y la fortaleza, o un dios que te inste a regirte por estas virtudes.

Cuando lo hagamos, recordaremos mejor que el placer es una experiencia fugaz, no un propósito vital completo. Hallaremos un modo de afrontar la vida que nos acerque al sentido haciendo actividades que nos aporten un placer apropiado. En vez de ser una sucesión de deseos, éxitos y decepciones, la vida se volverá un viaje, y el placer ocupará un lugar valioso porque lo usaremos para identificar qué actividades son las que más nos convienen y para ampliar su efecto positivo sobre nosotros y sobre los demás. Al pensar explícitamente en nuestras aspiraciones y al documentarlas, las elecciones que hacemos en nuestro día a día plasman mejor las virtudes que nos hemos marcado; no las plasman perfecta ni íntegramente, pero sí mejor. Nuestras vidas encarnan un propósito más allá de nosotros mismos. Con el paso de los años, las actividades que hagamos en vida crearán capas de significado que nos enriquecerán a nosotros y a los demás.

Así estaremos lo más cerca que podemos estar de lo que buscamos en un principio: esa esquiva avidez.

INTENTA ESTAR VIVO

En *El gran Gatsby*, Fitzgerald nos sugería aceptar que la vida es absurda y vivir con ello. No te conformes con esa filosofía, porque te obliga a encajar una gran dosis de melancolía. El psiquiatra Viktor Frankl señaló: «Lo que necesita realmente el hombre no es un estado sin tensiones, sino esforzarse y luchar por algún objetivo que sea digno de él».[2] El primero en abrir esta senda más virtuosa fue un hábil pensador griego, que la planteó trescientos años antes de Cristo. Frankl adaptó el mensaje a los tiempos modernos y, así, respondió a la pregunta grabada en el corazón de todas las personas.

Lo primero que debes hacer es identificar qué virtudes te importan más. No tienes que empezar desde cero, porque no encontrarás nada que no forme ya parte de la religión, la filosofía o la historia. Estudia esas virtudes. Descubre cuáles te atañen más. Luego articula sin circunloquios ni artificios qué quieres hacer: honrar a tu dios, servir al prójimo, buscar la belleza, mostrar generosidad. Tal vez quieras hacerlo todo. Tal vez solo algunas de esas cosas. Tal vez otras. Elige con cuidado, porque estarás declarando qué prioridades serán los fundamentos de tu vida (de una vida que merece ser vivida).

A continuación, averigua qué se te da bien y qué cosas te llenan más. Elige entre esas actividades y destrezas preguntándote cómo cada una puede ayudarte a cumplir tus aspiraciones. No tiene que ser una conexión directa. Lo importante es que, decidas lo que decidas, ayude a impulsarte a ti mismo y al mundo hacia un futuro mejor. De esta forma, la atracción dopaminérgica del mañana entrará en un equilibrio agradable y preconcebido con la alegría de vivir el aquí y el ahora, y coincidirá en términos generales con el propósito final que te has marcado en esta vida.

Que este breve resumen no te confunda. No pienses que remodelar tu vida va a ser fácil o rápido. No lo será. Pero tú hazlo.

Renuncia al nihilismo descabezado de la época moderna, pues no tiene en cuenta la necesidad humana fundamental de sentido. Es un sofisma intelectual. Te conviene más asimilar lo que siempre has sabido que era verdad: los anhelos del corazón humano son reales y solo están a nuestro alcance cuando concuerdan con un propósito; un sentido que enriquece tu vida y la vida de los que te rodean, y también la vida de los que vendrán.

El sufrimiento es inevitable, pero ¿qué vida está exenta de sufrimiento? Tener un propósito no es el camino perfecto, pero es la mejor de las opciones imperfectas de las que disponen estos seres imperfectos. Al menos, podemos confiar en la personalidad que hemos cultivado y en el talento que hemos ido puliendo para apreciar mejor el aquí y el ahora mientras estemos vivos. Podemos enorgullecernos de sintonizar nuestra autonomía con el deseo eterno de mostrar benevolencia por lo que hemos recibido. El escritor William Saroyan, un hombre de profundas pasiones, nos aconseja vivir el presente con intensidad:

> Aprende a respirar hondo, a saborear la comida cuando comes y a dormir cuando duermes. Intenta por todos los medios estar totalmente vivo; pon todo tu empeño y,

> cuando te rías, ríe a casquillo quitado. Y, cuando te enfades, ponte hecho un basilisco. Intenta estar vivo.[3]

El momento presente es todo lo que tienes, así que elige bien tus prioridades. Procura que esas prioridades sean expresiones placenteras de tus máximas aspiraciones, y convierte tus aspiraciones en un reflejo de lo que es bueno y verdadero. Una vez que hayas elegido correctamente cómo llenar tus días, vívelos plenamente. Esfuérzate mucho por conseguirlo. Gánate el privilegio que es existir. Intenta estar vivo.

NOTA DEL AUTOR

Este libro no sería lo exhaustivo que es sin el empeño que le puso mi amigo Dan Lieberman, que escribió los primeros borradores de algunos de los fragmentos más técnicos, me mandó un montón de enlaces y artículos y me embarcó en ese riguroso tira y afloja tan necesario para convertir un tema complicado en algo útil y atractivo. Dan también es psiquiatra, así que merece todo el reconocimiento por las explicaciones científicas. Para mí, él es Lennon y yo soy McCartney, aunque el pelo no nos acompaña a ninguno de los dos. En todo caso, Dan prefiere los Ramones. Gracias, amigo.

Dicho eso, cualquier exceso de simplificación, imprecisión, error y burda mentira es achacable a mi persona.

Gracias a mi esposa, Julia, a la que abandoné durante horas y horas para encerrarme en mi despacho a escribir. Julia tiene un oído excelente, me dio sabios consejos y tuvo varias de las ideas originales que en el libro presento como mías.

También quería agradecer a la gente que lleva años escuchándome hablar sobre este tema. ¡Qué maravillosos amigos tengo! Gracias al escritor, maestro, aliado carnívoro, confidente y padre de gemelos (como yo), Jonathan Rick; mi socia telefónica por excelencia, Irene Schindler; los alumnos que he tenido durante quince años en la Universidad de Georgetown; Craig Colgan, una incansable fuente de ánimo; mi buena amiga Salwa Emerson, que en todo me hace sentir mejor; el pintor y sabio pensador Roger Banks; el siempre fiel Jimmy Hubbard; la pandilla de escritores con la que me reúno los domingos por la tarde; mi hermano, el auténtico rey de las bromas, Todd Long; y mis hijos Sam (y Tabi y Leo y Phoebe), Madeline (y Alex) y Brynne (y su perro, el traicionero Benedict Arnold). Un agradecimiento especial a Cody Marley y Lawrence Thomas por todo lo que han hecho en su vida. Y, sobre todo, gracias a mi madre. Te quiero.

También quiero acordarme de mis agentes Wendy Levinson y Andrea Somberg, de la Harvey Klinger Agency, en la despampanante Manhattan. ¿Cómo lo hacéis para no perder punto en nada? También merecen un agradecimiento especial mi editora Leah Wilson, que (con tremenda paciencia) mejoró mucho mi versión inicial, y el corrector James Fraleigh, cuyo primor en ambos manuscritos sobre la dopamina me da que pensar que todos deberíamos trabajar para él, y no a la inversa.

Un gran aplauso para el equipo de BenBella: Glenn Yeffeth, Jennifer Canzoneri, Rachel Phares, Isabelle Rubio, Madeline Grigg y el resto de esa estajanovista comunidad, que me ha acompañado durante todo el proceso. Me encanta estar charlando y poder decir: «Mi publicista dice...». Nunca superaré el hecho de que un chaval de donde Cristo dio las tres voces haya tenido la suerte de vivir una vida tan estupenda como escritor, profesor y ponente.

Por último, estos son los autores que me enseñaron a escribir y me inspiraron para querer vivir, pensar y crear como lo hago: John Irving, Tom Wolfe, James Leo Herlihy, Ira Levin, Neil LaBute y Vince Gilligan. Sus frases, tramas y bellas escenas me dan ganas de arrojarlo todo al suelo y preguntarme por qué demonios lo intento. Pero ni siquiera entonces dejo de sonreír. Su ejemplo me infunde el ánimo más festivo que puede existir.

Mi novela está al caer. Querido lector, espero que mi próximo desvarío te interese tanto como lo que he compartido contigo hasta ahora. Gracias.

Michael E. Long,
octubre de 2024

NOTAS

Introducción

1. Woody Allen (dir.), *Delitos y faltas*, 1989, Orion Pictures, DVD.

2. John Hughes (dir.), *Todo en un día*, 1986, Paramount Pictures, United International Pictures, DVD.

3. N. D. Volkow *et al.*, «Evidence That Sleep Deprivation Downregulates Dopamine D2R in Ventral Striatum in the Human Brain», *Journal of Neuroscience* 32, n.º 19, 9 de mayo de 2012, pp. 6711-6717, <https://doi.org/10.1523/JNEUROSCI.0045-12.2012> .

4. K. S. Korshunov, L. J. Blakemore y P. Q. Trombley, «Dopamine: A Modulator of Circadian Rhythms in the Central Nervous System», *Frontiers in Cellular Neuroscience* 11, 3 de abril de 2017, p. 91, <https://doi.org/10.3389/fncel.2017.00091>.

5. H. Chapin *et al.*, «Dynamic Emotional and Neural Responses to Music Depend on Performance Expression and Listener Experience», *PLOS ONE* 5, n.º 12, 2010, p. e13812; S. Koelsch, «Brain Correlates of Music-Evoked Emotions», *Nature Reviews Neuroscience* 15, 2014, pp. 170-180; Eric W. Dolan, «Psychological and Neurobiological Foundations of Musical Pleasure Illuminated by New Research», *PsyPost*, 7 de diciembre de 2023.

6. T. W. Kjaer *et al.*, «Increased Dopamine Tone During Meditation-Induced Change of Consciousness», *Cognitive Brain Research* 13, n.º 2, abril de 2002, pp. 255-259, <https://doi.org/10.1016/s0926-6410(01)00106-9.

1. Felicidad o supervivencia

1. «Rainn Wilson—Club Random with Bill Maher», *Club Random Podcast*, vídeo de YouTube, min. 1:13:42, 9 de julio de 2023, <https://www.youtube.com/watch?v=nAZ9T5qcD2k>.

2. A. A. Milne y E. H. Shepard, *Winnie-the-Pooh*, 1.ª ed., Dutton, 1974.

3. American Association of Suicidology, «Some Facts About Suicide and Depression», 23 de junio de 2009, <https://www.cga.ct.gov/asaferconnecticut/tmy/0129/Some%20Facts%20About%20Suicide%20and%20Depression%20-%20Article.pdf.

2. Cómo potenciar la dopamina

1. H. Kadry, B. Noorani y L. Cucullo, «A Blood-Brain Barrier Overview on Structure, Function, Impairment, and Biomarkers of Integrity», *Fluids and Barriers of the CNS* 17, 2020, p. 69, <https://doi.org/10.1186/s12987-020-00230-3>.

2. PsychonautRyan, «Stimulants—Amphetamine-Induced Narcissism», Bluelight.org, 15 de septiembre de 2013, <https://bluelight.org/xf/threads/amphetamine-inducednarcissism.689506>.

3. Sharlene Kaye y Shane Darke, «The Diversion and Misuse of Pharmaceutical Stimulants: What Do We Know and Why Should We Care?», *Addiction* 107, n.º 3, 2012, pp. 467-477.

4. Daniel A. Burgard *et al.*, «Potential Trends in Attention Deficit Hyperactivity Disorder (ADHD) Drug Use on a College Campus: Wastewater Analysis of Amphetamine and Ritalinic Acid», *Science of the Total Environment* 450, 2013, pp. 242-249.

5. Karen L. Cropsey *et al.*, «Mixed-Amphetamine Salts Expectancies Among College Students: Is Stimulant Induced Cognitive Enhancement a Placebo Effect?», *Drug and Alcohol Dependence* 178, 2017, pp. 302-309.

6. Cook, C., Kurtz-Costes, B. y Burnett, M., «Nonprescription Stimulant Use at a Public University: Students' Motives, Experiences, and Guilt», *Journal of Drug Issues*, 51(2), 2021, pp. 376-390, <https://doi.org/10.1177/0022042620988107>.

7. Beth E. Snitz *et al.*, «Ginkgo Biloba for Preventing Cognitive Decline in Older Adults: A Randomized Trial», *Journal of the American Medical Association* 302, n.º 24, 2009, pp. 2663-2670.

8. Anna C. Nobre *et al.*, «L-theanine, a Natural Constituent in Tea, and Its Effect on Mental State», *Asia Pacific Journal of Clinical Nutrition* 17, sup. 1, 2008, pp. 167-168.

9. «2019 CRN Consumer Survey on Dietary Supplements», *Council for Responsible Nutrition*, www.crnusa.org/2019survey.

10. Regan L. Bailey *et al.*, «Why US Adults Use Dietary Supplements», *JAMA Internal Medicine* 173, n.º 5, 2013, pp. 355-361.

11. Ghodarz Akkasheh *et al.*, «Clinical and Metabolic Response to Probiotic Administration in Patients with Major Depressive Disorder: A Randomized, Double-Blind, Placebo-Controlled Trial», *Nutrition* 32, n.º 3, 2016, pp. 315-320.

12. Lenka Dohnalová *et al.*, «A Microbiome-Dependent Gut-Brain Pathway Regulates Motivation for Exercise», *Nature*, 2022, pp. 1-9.

13. Qiangchuan Hou *et al.*, «Probiotic-Directed Modulation of Gut Microbiota Is Basal Microbiome Dependent», *Gut Microbes* 12, n.º 1, 2020, p. 1736974, <https://doi.org/10.1080/19490976.2020.1736974>.

14. Carolina Cueva *et al.*, «Understanding the Impact of Chia Seed Mucilage on Human Gut Microbiota by Using the Dynamic Gastrointestinal Model SIMGI®», *Journal of Functional Foods* 50, 2018, pp. 104-111, <https://doi.org/10.1016/j.jff.2018.09.028>.

3. El ayuno de dopamina

1. Cameron Sepah, «Dopamine Fasting 2.0—the Hot Silicon Valley Trend», LinkedIn, 4 de noviembre de 2019, <https://www.linkedin.com/pulse/dopamine-fasting-new-siliconvalley-trend-dr-cameron-sepah>.
2. Nellie Bowles, «How to Feel Nothing Now, in Order to Feel More Later», *The New York Times*, 7 de noviembre de 2019, <https://www.nytimes.com/2019/11/07/style/dopamine-fasting.html>.
3. Ron Gutman, *Smile: The Astonishing Power of a Simple Act*, Nueva York, TED Books, 2011.
4. R. D. Norman, «I Hope You Have the Fortune to Experience Misfortune», vídeo de YouTube, min. 12:39, 10 de octubre de 2022, <https://www.youtube.com/watch?v=HGFd6MbE3vA>.

4. Posibles recursos dopaminérgicos futuros

1. Roberts, J. G., Lugo-Morales, L. Z., Loziuk, P. L. y Sombers, L. A., «Real-time chemical measurements of dopamine release in the brain», *Methods Mol Biol.* 2013;964:275-94, <https://doi.org/10.1007/978-1-62703-251-3_16. PMID: 23296789; PMCID:PMC5259961>.
2. «In Vivo Fast-Scan Cyclic Voltammetry (FSCV) for Recording Dopamine Transients with a Carbon Fiber Microelectrode», *ChemistrySelect*, consulta de 8 de marzo de 2024,

<https://chemistry-europe.onlinelibrary.wiley.com/doi/10.1002/slct.202203630>.

3. Andres M. Lozano *et al.*, «Deep Brain Stimulation: Current Challenges and Future Directions», *Nature Reviews Neurology* 15, 2019, pp. 148-160, <https://www.nature.com/articles/s41582-018-0128-2>.

4. Susan A. Reedijk, Anne Bolders y Bernhard Hommel, «The Impact of Binaural Beats on Creativity», *Frontiers in Human Neuroscience* 7, 2013, consulta de 18 de septiembre de 2024, <https://www.frontiersin.org/journals/human-neuroscience/articles/10.3389/fnhum.2013.00786/full>.

5. «Brainwaves: The Language of Quantum Medicine?», NHA Health, consulta de 8 de marzo de 2024, <https://nhahealth.com/brainwaveas-the-language>.

6. Reedijk, art. cit.

7. «Whether physical exertion feels "easy" or "hard" may be due to dopamine levels, study suggests», *ScienceDaily*, 12 de abril de 2023, <https://www.sciencedaily.com/releases/2023/04/230412131051.html>.

8. Adam B. Weinberger, Adam E. Green y Evangelia G. Chrysikou, «Using Transcranial Direct Current Stimulation to Enhance Creative Cognition: Interactions Between Task, Polarity, and Stimulation Site», *Frontiers in Human Neuroscience* 11, 2017, p. 246.

9. «Discovery and Development of Warfarin», American Chemical Society, consulta de 8 de marzo de 2024, <https://www.acs.org/education/whatischemistry/landmarks/warfarin.html>.

10. Douwe Draaisma, «Lithium: The Gripping History of a Psychiatric Success Story», *Nature*, 26 de agosto de 2019, <https://www.nature.com/articles/d41586-019-02480-0>.

11. Natalia Gulyaeva y Victor Aniol, «Good Guys from a Shady Family», *Journal of Neurochemistry* 121, n.º 6, 2012, pp. 841-842.

12. Comentario al vídeo: «Is Dopamine Fasting Real?»,

YouTube, consulta de 8 de marzo de 2024, <https://www.youtube.com/watch?v=dxuM-dGJfyA>.

13. Gina Kolata, «Parkinson's Research Is Set Back by Failure of Fetal Cell Implants», *The New York Times*, 8 de marzo de 2001, <https://www.nytimes.com/2001/03/08/us/parkinson-s-research-is-set-back-by-failure-of-fetal-cell-implants.html>.

14. «Novel Cell Therapy Continues to show Promise for Parkinson's Disease», UCI Health, 6 de marzo de 2024, <https://www.ucihealth.org/news/2024/03/parkinsonsclinical-trial-18-month-results>.

15. Antonio Regalado, «A Biotech Company Says It Put Dopamine-Making Cells into People's Brains», *MIT Technology Review*, 13 de septiembre de 2023, <https://www.technologyreview.com/2023/08/31/1078728/biotech-dopamine-making-cells-intopeoples-brains>.

16. *Ibid.*

17. «Miracle Drugs Like Wegovy and Ozempic Could Cure Destructive Addictions like Drinking, Gambling and Excessive Shopping by Blocking Brain's Pleasure Receptors», *Daily Mail*, 12 de abril de 2024, <https://www.dailymail.co.uk/health/article-12111143/Wegovy-Ozempic-anti-addiction-drugs-cure-drinking-shoppinghabits.html>.

18. Daniel Vallöf, Jesper Vestlund y Elisabeth Jerlhag, «Glucagon-Like Peptide-1 Receptors Within the Nucleus of the Solitary Tract Regulate Alcohol-Mediated Behaviors in Rodents», *Neuropharmacology* 149, n.º 1, 2019, pp. 124-132, <https://www.sciencedirect.com/science/article/pii/S0028390819300541>.

19. *Ibid.*

20. Nicole S. Hernandez *et al.*, «Glucagon-Like Peptide-1 Receptor Activation in the Ventral Tegmental Area Attenuates Cocaine Seeking in Rats», *Nature*, consulta de 14 de mayo de 2024, <https://www.nature.com/articles/s41386-018-0010-3>.

21. Lisa C. Decker *et al.*, «Treatment with a GLP-1R Agonist and a GABA-B Agonist Reduces Compulsive-Like Food

and Alcohol Seeking Behaviors in Male and Female Mice», *Neuropsychopharmacology* 45, n.º 4, 2020, pp. 718-726, <https://www.ncbi.nlm.nih.gov/pmc/articles/PMC6969180/; Sarah Zhang, «The Appetite-Suppressing Drug That Could Treat Addiction», *The Atlantic*, 8 de mayo de 2023, <https://www.theatlantic.com/health/archive/2023/05/ozempic-addictive-behavior-drinkingsmoking/674098>.

22. «CNS Effects of Wegovy (Semaglutide)», *NeuroSens*, 28 de febrero de 2023, <https://neuro-sens.com/cns-effects-of-wegovy-semaglutide>.

5. La terapia como solución para subir y bajar la dopamina

1. Emeran A. Mayer, Kirsten Tillisch y Arpana Gupta, «Gut/Brain Axis and the Microbiota», *Journal of Clinical Investigation* 125, n.º 3, 2015, pp. 926-938, <https://www.ncbi.nlm.nih.gov/pmc/articles/PMC5797481/.

2. Encontraréis una lista de libros recomendados por la Association for Behavioral and Cognitive Therapies en <https://www.abct.org/SHBooks>.

3. Stephanie Merritt, «Never a Problem Child», *The Guardian*, 23 de septiembre de 2001, <https://www.theguardian.com/books/2001/sep/23/biography.billyconnolly>.

4. Dennis Greenberger y Christine A. Padesky, *El control de tu estado de ánimo*, Barcelona, Ediciones Paidós, 2016.

5. «Acceptance and Commitment Therapy», *Psychology Today*, consulta de 8 de marzo de 2024, <https://ww.psychologytoday.com/us/therapy-types/acceptance-and-commitmenttherapy>.

6. Steven C. Hayes, «A Human Life Is Not a Problem to Be Solved», *Psychology Today*, 30 de enero de 2009, <https://www.psychologytoday.com/us/blog/get-out-yourmind/200901/human-life-is-not-problem-be-solved>.

7. T. W. Moore, «What Is Logotherapy?», vídeo de You-

Tube, min. 14:23, 12 de enero de 2022, <https://www.youtube.com/watch?v=2bOFLS39Mmk>.

8. Traci Pedersen, «Flooding Therapy: What It Is and How It Works», *Psych Central*, 9 de agosto de 2022, <https://psychcentral.com/blog/ocd-and-flooding-exposure>.

9. B. Riley *et al.*, «Graded Exposure Therapy for Online Mobile Smartphone Sports Betting Addiction: A Case Series Report», *Journal of Gambling Studies* 37, n.º 4, 2021, pp. 1263-1275.

10. «The Power of the Placebo Effect», *Harvard Health*, 13 de diciembre de 2021, <https://www.health.harvard.edu/mental-health/the-power-of-the-placebo-effect>.

6. Devaneos amorosos

1. K. G. Seshadri, «The Neuroendocrinology of Love», *Indian Journal of Endocrinology and Metabolism* 20, n.º 4, julio-agosto de 2016, pp. 558-563, <https://doi.org/10.4103/2230-8210.183479>.

2. W. R. Jankowiak y E. F. Fischer, «A Cross-Cultural Perspective on Romantic Love», *Ethnology* 31, n.º 2, 1992, pp. 149-155, <https://doi.org/10.2307/3773618>.

3. Chase Winter, «Does the West Have a Monopoly on Romantic Love?», *The World from PRX*, 13 de febrero de 2014, <https://theworld.org/stories/2014-02-12/does-west-havemonopoly-romantic-love>.

7. La búsqueda de nuestra media naranja

1. Florian Zsok *et al.*, «What Kind of Love Is Love at First Sight? An Empirical Investigation», *Personal Relationships* 24, nº. 4, 2017, pp. 869-885, <https://doi.org/10.1111/pere.12218>.

2. Arthur Aron *et al.*, «The Experimental Generation of Interpersonal Closeness: A Procedure and Some Preliminary Findings», *Personality and Social Psychology Bulletin*, 23, n.º 4, 1997, pp. 363-377, <https://doi.org/10.1177/0146167297234003>.

3. Jones, Daniel, «The 36 Questions That Lead to Love», *The New York Times*, 9 de enero de 2015, consulta de 4 de octubre de 2024, <https://www.nytimes.com/2015/01/09/style/no-37-big-wedding-or-small.html>.

4. J. W. Pennebaker *et al.*, «Don't the Girls' Get Prettier at Closing Time: A Country and Western Application to Psychology», *Personality and Social Psychology Bulletin* 5, n.º 1, 1979, pp. 122-125, <https://doi.org/10.1177/014616727900500127>.

5. *Ibid.*

6. Universidad de Australia Occidental, «Men who Take Risks Are More Attractive to Women, Study Suggests», *Neuroscience News*, 27 de febrero de 2023, <https://neurosciencenews.com/attraction-risk-taking-men-22560>.

7. Cyril C. Grueter *et al.*, «Preference for Male Risk Takers Varies with Relationship Context and Health Status but Not COVID Risk», *Evolutionary Psychological Science* 9, n.º 3, 2023, pp. 283-292, <https://doi.org/10.1007/s40806-023-00354-3>.

8. *Ibid.*

9. *Ibid.*

10. Patrick McAlvanah, «Are People More Risk-Taking in the Presence of the Opposite Sex?», *Journal of Economic Psychology* 30, n.º 2, 2009, pp. 136-146; B. Pawlowski, R. Atwal y R. I. M. Dunbar, «Sex Differences in Everyday Risk-Taking Behavior in Humans», *Evolutionary Psychology* 6, n.º 1, 2008, <https://doi.org/10.1177/147470490800600104>.

11. Grueter, art. cit.

12. Bernhard Fink, Nick Neave y Hanna Seydel, «Male Facial Appearance Signals Physical Strength to Women», *American Journal of Human Biology* 19, n.º 1, 2007, pp. 82-87, <https://doi.org/10.1002/ajhb.20583>.

13. Robin Nixon Pompa y Patrick Pester, «How to Tell You're in Love with Someone, According to the Science», *LiveScience*, 13 de febrero de 2015, <https://www.livescience.com/33720-13-scientifically-proven-signs-love.html>.

14. *Ibid.*

8. Cómo convivir con el deseo sexual

1. Mona Chalabi, «Dear Mona, I Masturbate More Than Once a Day. Am I Normal?», *FiveThirtyEight*, 7 de enero de 2015, <https://fivethirtyeight.com/features/dear-mona-i-masturbate-more-than-once-a-day-am-i-normal>.

2. Gregg Levoy, «Frustration Attraction—How Separation Heightens Passion», *Psychology Today*, 26 de octubre de 2020, <https://www.psychologytoday.com/us/blog/passion/202010/frustration-attraction-how-separation-heightens-passion>.

9. Cómo seguir en pareja

1. Donna J. Bridge y Ken A. Paller, «Neural Correlates of Reactivation and Retrieval-Induced Distortion», *Journal of Neuroscience* 32, n.º 35, 29 de agosto de 2012, pp. 12144-12151, <https://doi.org/10.1523/JNEUROSCI.1378-12.2012>.

2. Hongbo Song *et al.*, «Improving Relationships by Elevating Positive Illusion and the Underlying Psychological and Neural Mechanisms», *Frontiers in Human Neuroscience* 12, 2019, p. 526, <https://doi.org/10.3389/fnhum.2018.00526>.

3. Shelley E. Taylor y Jonathon D. Brown, «Positive Illusions and Well-Being Revisited: Separating Fact from Fiction», *Psychological Bulletin* 116, n.º 1, 1994, pp. 21-27, <https://doi.org/10.1037/0033-2909.116.1.21>.

4. Woody Allen (dir.), *Annie Hall*, 1977, United Artists, DVD.

5. Levoy, art. cit.

10. Productividad y avance

1. «Thomas Sullivan», Universidad Carnegie Mellon, *Escuela de Ingeniería*, consulta de 8 de marzo de 2024, <https://engineering.cmu.edu/directory/bios/sullivan-thomas.html>.

2. «Multitasking: Switching Costs», *American Psychological Association*, consulta de 4 de marzo de 2024, <https://www.apa.org/topics/research/multitasking>.

3. Tony McCaffrey, «Why We Can't See What's Right in Front of Us», *Harvard Business Review*, 10 de mayo de 2012, <https://hbr.org/2012/05/overcoming-functional-fixednes>.

4. Jackson G. Lu, Modupe Akinola y Malia F. Mason, «"Switching On" Creativity: Task Switching can Increase Creativity by Reducing Cognitive Fixation», *Organizational Behavior and Human Decision Processes* 139, 2017, pp. 63-75.

11. El control de las redes sociales

1. Shayla Cunningham, Corey Hudson y Kate Harkness, «Social Media and Depression Symptoms: A Meta-Analysis», *Journal of Abnormal Child Psychology* 49, n.º 2, 2021, pp. 241-253.

2. Matt Labash, «Be This Guy, Instead of the Angry Jerk You're Becoming», *Substack*, 15 de enero de 2024, usado con permiso del autor.

13. La pornografía de internet

1. Dane Mauer-Vakil y Anees Bahji, «The Addictive Nature of Compulsive Sexual Behaviours and Problematic Online Pornography Consumption: A Review», *Canadian Journal of Addiction* 11, n.º 3, septiembre de 2020, pp. 42-51.

2. Claudio Vieira y Mark D. Griffiths, «Problematic Por-

nography Use and Mental Health: A Systematic Review», *Sexual Health & Compulsivity* 31, n.º 3, 2024, pp. 207-247.

3. Joshua B. Grubbs, Shane W. Kraus y Samuel L. Perry, «Self-reported Addiction to Pornography in a Nationally Representative Sample: The Roles of Use Habits, Religiousness, and Moral Incongruence», *Journal of Behavioral Addictions* 8, n.º 1, 2019, pp. 88-93.

4. Meghan Donevan, Marie Bladh, Åsa Landberg, L. S. Jonsson, Gisela Priebe, Inga Dennhag y Carl Goran Svedin, «Closing the Gender Gap? A Cohort Comparison of Adolescent Responses to and Attitudes Toward Pornography, 2004 vs. 2021», *The Journal of Sex Research*, octubre de 2024, pp. 1-15.

5. Sean McNabney, Krisztina Hevesi y David L. Rowland, «Effects of Pornography Use and Demographic Parameters on Sexual Response During Masturbation and Partnered Sex in Women», *International Journal of Environmental Research and Public Health* 17, n.º 9, 2020, p. 3130.

6. Daniel A. Cox, Beatrice Lee y Dana Popky, «Politics, Sex, and Sexuality: The Growing Gender Divide in American Life», consulta de 20 de septiembre de 2024, <https://www.americansurveycenter.org/research/march-2022-aps>.

7. David Shultz, «Divorce Rates Double When People Start Watching Porn», *Science*, 26 de agosto de 2016.

8. Thibault Jacobs *et al.*, «Associations Between Online Pornography Consumption and Sexual Dysfunction in Young Men: Multivariate Analysis Based on an International Web-Based Survey», *JMIR Public Health and Surveillance* 7, n.º 10, 2021, p. e32542, <https://doi.org/10.2196/32542>.

9. Faraz Ahmed, M. Zubair Shafiq y Alex X. Liu, «The Internet is For Porn: Measurement and Analysis of Online Adult Traffic», 36.º Congreso Internacional del IEEE sobre Sistemas Informáticos Distribuidos, 2016, p. 88, <https://doi.org/10.1109/ICDCS.2016.81>.

10. Mark Regnerus, David Gordon y Joseph Price, «Documenting Pornography Use in America: A Comparative Analysis

of Methodological Approaches», *The Journal of Sex Research* 53, n.º 7, 2016, pp. 873-881, <https://doi.org/10.1080/00224499.2015.1096886>.

11. Ceci, Laura, «Adult and pornographic website industry market size in the U.S. 2018-2023», Statista, consulta de 5 de octubre de 2024, <https://www.statista.com/statistics/1371582/value-online-website-porn-market-us/#statisticContainer>.

12. Azcuna, Lyndon, «The Porn Pandemic», LifePlan, 28 de octubre de 2021, consulta de 5 de octubre de 2024, <https://www.lifeplan.org/the-porn-pandemic/#:~:text=The%20porn%20industry%20generates%20more,is%20being%20spent%20on%20pornography>.

13. «Total revenue of all National Football League (NFL) teams from 2001 to 2023», Statista, consulta de 5 de octubre de 2024, <https://www.statista.com/statistics/193457/total-league-revenue-of-the-nfl-since-2005/#:~:text=Total%20revenue%20of%20the%20NFL%202001%2D2023&text=In%202023%2C%20the%2032%20teams,dollars%20over%20the%20previous%20year>.

14. Joshua B. Grubbs, Shane W. Kraus y Samuel Perry, «Self-Reported Addiction to Pornography in a Nationally Representative Sample: The Roles of Use Habits, Religiousness, and Moral Incongruence», *Journal of Behavioral Addictions* 8, n.º 1, 2019, pp. 88-93.

15. «Gluten Intolerance», Cleveland Clinic, consulta de 5 de octubre de 2024, <https://my.clevelandclinic.org/health/diseases/21622-gluten-intolerance>.

16. «The Top 10 Leading Causes of Death in the United States», Healthline, consulta de 8 de marzo de 2024, <https://www.healthline.com/health/leading-causes-of-death>.

17. Luke Sniewski *et al.*, «Meditation as an Intervention for Men with Self-Perceived Problematic Pornography Use: A Series of Single Case Studies», *Current Psychology* 41, 2022, pp. 5151-5162, <https://doi.org/10.1007/s12144-020-01035-1>.

18. Dean P. Fernandez, Daria J. Kuss y Mark D. Griffiths,

«The Pornography "Rebooting" Experience: A Qualitative Analysis of Abstinence Journals on an Online Pornography Abstinence Forum», *Archives of Sexual Behavior* 50, n.º 2, 2021, pp. 711-728, <https://doi.org/10.1007/s10508-020-01858-w>.

14. Las compras

1. S. S. Alavi *et al.*, «Behavioral Addiction Versus Substance Addiction: Correspondence of Psychiatric and Psychological Views», *International Journal of Preventive Medicine* 3, n.º 4, 2012, pp. 290-294.

2. Oficina del Censo de Estados Unidos, «Real Median Household Income in the United States [MEHOINUSA672N]», extraído de FRED, Banco de la Reserva Federal en San Luis, consulta de 27 de septiembre de 2024, <https://fred.stlouisfed.org/series/MEHOINUSA672N>.

3. «Working Hours in the US—Overview», Clockify, consulta de 8 de marzo de 2024, <https://clockify.me/working-hours>.

4. «U.S. GDP 1960-2023», Macrotrends, consulta de 8 de marzo 2024, <https://www.macrotrends.net/countries/USA/united-states/gdp-gross-domesticproduct#:~:text=U.S.%20gdp%20for%202022%20was,a%204.13%25%20increase%20from%202018>.

5. Mary Kekatos, «US Life Expectancy Falls to Lowest Levels Since 1996 due to COVID-19, Drug Overdoses», *ABC News*, 31 de agosto de 2022, <<ps://abcnews.go.com/Health/us-life-expectancy-falls-lowest-levels-1996-due/story?id=95649464>.

6. The Ness Center, «Unraveling the Link Between Compulsive Buying and Mental Health», consulta de 3 de octubre de 2024, https://thenesscenter.com/unraveling-the-linkbetween-compulsive-buying-and-mental-health>.

7. Donald W. Black, «Revisión del trastorno de compras compulsivas», *World Psychiatry*, 5, n.º 1, 2007, pp. 14-18.

8. Substance Abuse and Mental Health Services Administration, «Table 3.13: DSM-IV to DSM-5 Obsessive-Compulsive Disorder Comparison», en *Impact of the DSM-IV to DSM-5 Changes on the National Survey on Drug Use and Health*, Rockville (Maryland), Author, junio de 2016, <https://www.ncbi.nlm.nih.gov/books/NBK519704/table/ch3.t13>.

9. Jillian Seiler *et al.*, «Dopamine Signaling in the Dorsomedial Striatum Promotes Compulsive Behavior», *Current Biology* 32, n.º 5, 2022, pp. 1175-1188, <https://www.cell.com/current-biology/fulltext/S0960-9822(22)00117-8>.

15. Los videojuegos

1. «Game Industry Usage and Revenue Statistics 2023», Helplama.com, 8 de enero de 2024.

2. Tess Farrand, «Who Goes to the Movies?», Movieguide, 16 de noviembre de 2018.

3. Christina Gough, «Topic: Sports on TV», Statista, 1 de marzo de 2024.

4. «Videogames Are a Bigger Industry Than Movies and North American Sports Combined, New Report Finds», MarketWatch, consulta de 9 de marzo de 2024.

5. Bedbible Research Center, «Porn Industry Revenue—Numbers & Stats», Bedbible.com, 23 de agosto de 2023.

6. Raelene Knowles, «The Power of Play», IGEA, 9 de octubre de 2023.

7. J. Clement, «U.S. Single Player vs. Multiplayer Frequency among Gamers 2022», Statista, 26 de enero de 2024.

8. Correspondencia privada con Drake Greer, 14-16 de marzo de 2024.

16. Cómo desarrollar la creatividad

1. «Christoph Niemann: Illustration», *Abstract: The Art of Design*, creado por Scott Dadich, Netflix, 10 de febrero de 2017.

2. El chiste se ha atribuido, entre otros, al humorista Jack Benny, al violinista Jascha Heifetz, al pianista Arthur Rubinstein y al escritor y editor Bennett Cerf. Esta especulación se extrae de Michael Pollak, «The Origins of That Famous Carnegie Hall Joke», *The New York Times*, 27 de noviembre de 2009, <https://www.nytimes.com/2009/11/29/nyregion/29fyi.html>.

3. Roger E. Beaty *et al.*, «Robust Prediction of Individual Creative Ability from Brain Functional Connectivity», *Proceedings of the National Academy of Sciences* 115, n.º 5, 2018, pp. 1087-1092.

4. Todd I. Lubart, «Models of the Creative Process: Past, Present and Future», *Creativity Research Journal* 13, n.os 3-4, 2001, pp. 295-308.

5. Donghwy An y Nara Youn, «The Inspirational Power of Arts on Creativity», *Journal of Business Research* 85, 2018, pp. 467-475.

6. Chin-Wen Yeh, Shih-Han Hung y Chun-Yen Chang, «The Influence of Natural Environments on Creativity», *Frontiers in Psychiatry* 13, 2022, p. 895213, <https://doi.org/10.3389/fpsyt.2022.895213>.

7. Rachel Kaplan y Stephen Kaplan, *The Experience of Nature: A Psychological Perspective*, Cambridge University Press, 1989.

8. Janetta Mitchell McCoy y Gary W. Evans, «The Potential Role of the Physical Environment in Fostering Creativity», *Creativity Research Journal* 14, n.os 3-4, 2002, pp. 409-426.

9. Sylvie Studente, Nina Seppala y Noemi Sadowska, «Facilitating Creative Thinking in the Classroom: Investigating the Effects of Plants and the Colour Green on Visual and Verbal Creativity», *Thinking Skills and Creativity* 19, 2016, pp. 1-8.

10. Célia Lacaux *et al.*, «Sleep Onset Is a Creative Sweet Spot», *Science Advances* 7, n.º 50, 2021, eabj5866, <https://doi.org/10.1126/sciadv.abj5866>.

11. *John Mulaney: The Comeback Kid*, 2015, Netflix.

12. E. P. Torrance, *The Torrance Tests of Creative Thinking Norms—Technical Manual Figural (Streamlined)*, Scholastic Testing Service, Inc., 1990.

13. Arthur C. Clarke, *Perfiles del futuro*, Biblioteca Universal Caralt, Serie Ensayo n.º 84, 1, 1977.

14. Arthur Cropley, «In Praise of Convergent Thinking», *Creativity Research Journal* 18, n.º 3, 2006, pp. 391-404.

El sonido de un diapasón que golpea contra una estrella

1. Henri Nouwen, *Life of the Beloved*, Crossroad Publishing Company, 1992.

2. Viktor E. Frankl, *El hombre en busca de sentido*, Barcelona, Herder Editorial, 2015.

3. William Saroyan, «Preface to the First Edition», *The Daring Young Man on the Flying Trapeze and Other Stories, Random House*, 1934, pp. 12-13.